数学に舞台裏から楽しく再挑戦

〈会話・クイズ・素朴な疑問・役立つ話がコラボする〉

元埼玉県立浦和高等学校教諭

石橋 信夫

趣旨と構成

高校を卒業後、公務員試験合格のため、看護系などの専門学校入学のためなどで再度数学を勉強する人もいるであろう。また忙しい毎日の中で全教科を教えている小学校の先生で、算数と数学の結びつきを知りたい、生徒からの素朴な疑問にどう答えたらいいのか、興味を沸かせる適切な教材はないかと悩んでいる先生もいるのではないか。保護者の方で、子どもをできれば理系方面に行かせたいと思っているのに、算数はできたが数学になったら今一つ。算数と数学は何がどう違うのか、塾に行ってもその時だけでどうすればいいのか。あるいは自分でそれなりに理解しているつもりだが、小中学生の子供にその単元の意味や質問にどう答えればいいのか悩んでいる保護者の方もいると思われる。

書店に行くと「大人が小学校の算数、中学校の数学を短時間でマスターできる」といった本はたくさんある。話はそれるが中高年のピアノ教室が人気だという。ただし子供の時のピアノの練習方法とは大部違うらしい。それは当然で単純な練習の繰り返し、速く正確にただ音を弾くだけならば継続は難しいだろう。弾きたい曲を絞り込んだり、その曲の意図(曲想) や作曲家を含めた歴史的背景を知る事で新たな刺激を受け意欲が継続できる。数学も同じでまず見方を少し変えたり、舞台裏を知ったり、楽しいと感じることで継続できる。この本はそのつもりで書いてある。ポイントを絞り、角度を変えて算数と数学の違いや教科書の背景にある事を横断的に捉えたり、たとえ話や、内容に関連するクイズや素朴な疑問や数学が日常で役立つ話を縦横に配置してある。前提として数学は高校の数Ⅰまで一応教わったが、大部分忘れている事としている。数Ⅰ以降について一部出て来るがその部分は明記してあり、飛ばしても構わない。

自己紹介をすると、筆者は38年間埼玉県の公立高校で数学を教え、退職後小中高生の算数、数学の勉強のお手伝いをしてきた。

そこで感じる事は算数から数学への移行がうまくいっていない事である。詳しくは表を使って1章で述べるが算数がそこそこ出来ても数学が出来ない原因の1つ目は、x, y の文字を使って方程式を作り解く事が苦手なことである。文字を使う事を嫌がっていては数学はできない。それは音楽で音を表わすのに五線譜を用いるように。しかし文字を使う前に、具体的な数字で基本となる式を作る練習をすれば使えるようになる。小学校の算数は極論すれば、2つの量A,Bの四則演算(+、－、×、÷)であり、割り算はA÷BとB÷Aがあるので5択問題だ。ドリルの文章題も同じページは同じ演算を使う。算数から数学に変わっても公式をたくさん覚え数字を当てはめさえすればいいと思い込んでいる。たくさんの公式への対応として元が同じ公式は文字を使って変形していく省エネ対策が必要となる。また文章を文字を使った数式にしっかりと翻訳する力(和文数訳)も問われる。文字の入った数式を作り解くという2段階の操作が必要で、紙と鉛筆と少しの時間が必要となる。

2つ目は文章を表や線分図に直す読解力、イメージ力が弱いと数学はできない。公務員試験の「判断推理」の問題でもこの力が問われる。身近な簡単な問題で「18歳未満お断りと書いてある店に18歳は入れるか」はいかがだろう。「18歳未満」とは「18歳以下」と違い18歳は入らない。「お断り」はその否定である。2つの事柄を結びつけた問題だが、あせらず次の様にゆっくりと線分図を紙に書けばすぐに分かる。もちろん頭の中に線分図をイメージしてもよい。

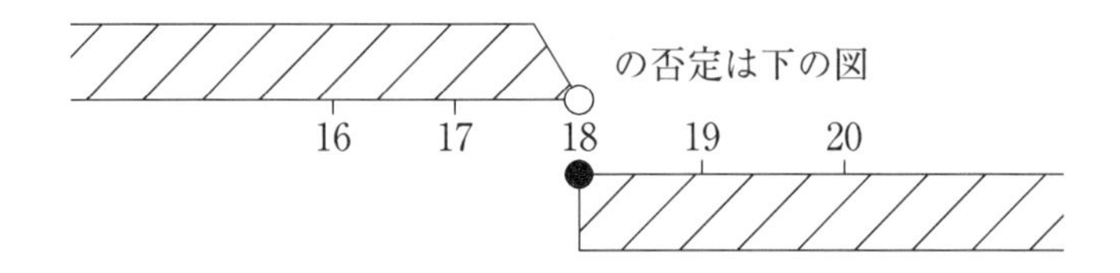

3つ目は同じ事柄なのに算数と数学で見方、考え方、解き方が変わっていく事に対応できない生徒がいる。算数を地べたを這う芋虫、数学を空を舞う蝶々とすればさなぎで結びついてはいるが見方が大きく異なる。1つ簡単な例をあげる。小学校低学年で長方形と正方形を学び、高学年ではその面積も学ぶ。長方形の面積は「たて×横」で正方形は「一辺×一辺」である。要するに長方形と正方形は違うものとして捉える。ところが中学校の数学では、同じ性質をもった四角形を集合として捉えるので、正方形は長方形の特別な場合と見る。4つの角が直角の四角形と見れば同じだから。高校の数学Iの命題の真偽(しんぎ)では「正方形ならば長方形である」は真(しん)である。ついでに「正三角形ならば二等辺三角形」も真である。包含関係で言えば、「東京都ならば日本」の様に狭い範囲の物ならば広い範囲の物は真である。見た目にこだわっている生徒はこれに違和感を感じる。デジタル思考の生徒はちょっとした違いにこだわるが、数学は共通

した性質に着目するので、些細な違いは無視する。例えば２、４、６は違う数だが偶数と見れば同じ性質を持った数である。－３と＋３は異なるが、原点からの距離（絶対値）を考えれば同じである。三角形の合同も回転したり、裏返したりして同じ図形になるのが合同であり、見た目が全く同じ図形だけが合同ではない。遊びがあった方が内容豊かな数学になる。

数学になって成績が振るわなくなった中学生を持つ保護者の方はどうすればよいのか。塾へ行き短期間に受験のノウハウを学べば成績は向上するだろうが、高校入学後に量質ともにより難しい高校数学も待ち構えている。対策の１つ目として「北風と太陽」の話で言えば、クイズなどで楽しいと感じ、自らから学ぼうとするお日様的教育を時間はかかるが意識することである。それには保護者の方も演技でよいから数学はできなくとも面白いと公言してほしい。２つ目は算数と数学の違いや背景を知る事、素朴な疑問にも答えられる事である。そして分野ごと例えば関数とは何か、図形の証明とは何かをそれなりにイメージし（この本に書いてある）、問われればそれを子供にアドバイスしてはどうか。３つ目は数学が身の周りの生活で役立つことを保護者の方が認識することだろう。それは見方や考え方も含めてであり、この本で広く取り上げている。

数学には「入り口の難しさ」と「極める難しさ」がある。車の運転で言えば教習所で教わる事が前者で、Ｆ１ドライバーのテクニックが後者である。「入り口の難しさ」をうまく乗り越える事がまず大切で、この本もそれに主眼を置く。

江戸時代に数学クイズは庶民の間では娯楽で「塵劫記」という和算の本はベストセラーだった。また数学の新しい問題を編み出すと「算額」と呼ばれる額にして神社に奉納した。それを解く人を待つのである。江戸時代の格言に「遊び事行く着く先は習い事」とある。いわば学問は究極の遊びなのである。

2004年に第１回本屋大賞を受賞した小川洋子氏の「博士の愛した数式」の新潮文庫版は２ケ月で100万部を売り上げ、映画にもなり英訳版も出た。記憶が80分しか持たない元数学者とシングルマザーの家政婦とその子供との心の触れ合いを描いた静謐で心温まる小説だ。この中に完全数、友愛数、数学の中でもっとも美しい、別名「オイラーの至宝」とも言われる式が出て来る。授業や受験で数学に苦しめられた人は多いかもしれないが、遊びや文学の中に紛れ込むと逆に神秘性、深遠さが感じられたりもするのだ。現在中学３年の教科書に出て来る三平方の定理、別名ピタゴラスの定理のピタゴラスは今から2500年ほど前の人物で、これだけでも数学の歴史の重みが分かる。三平方の定理の証明方法は200以上あると言われ、表紙にあるレオナルド・ダ・ヴィンチもその１つを見つけ、この本でもそれを取り上げている。

この本の構成であるが、０章から５章まである。０章は簡単なクイズのみでここで感性を試して頂きたい。１章からはＡ(説明、会話)、Ｂ(クイズ)、Ｃ(素朴な疑問)、Ｄ(数学が役に立つ話) が章ごとにある。章別に読んだり、Ａだけ、Ｂだけのように読んでもいいように構成してある。各章ごとにＡ、Ｂ、Ｃ、Ｄがコラボしている。またＥ(補足コラム) もページの調整で後から入れた。

最後にこの本のオリジナリティの宣伝をする。それは４つあって、１つ目は１次関数の導入部分で従来のx,y 軸ではなく、犬軸、人軸になっている。(P57) ２つ目は図形の証明についての存在意義で、数学には名探偵コナン型と古畑任三郎型があるというたとえ話の部分。(P72) ３つ目は分数の割り算はなぜ逆にして掛けるのかを小学生にイメージとして理解させるために「プラナリアの主張」という話を作り説明してある。(P49) この疑問はマンガやアニメにもなった『おもひでぽろぽろ』の２人の姉妹のやり取りにも出て来る。その割り算の発展的な意味も重要でそれは２章のＡ(説明、会話) に載せた。４つ目は「＝」が５種類ある事の指摘で、これをしっかりと意識する事が思いのほか重要である。(P13～P15)

まず０章の数と図形のクイズに取り組んで頂きたい。数学的な知識は必要としないし、目標は正解ではなく、面白い、楽しいと感じるかどうかである。少しでもそれを感じたら１章～５章に目を向けてほしい。多くの人が多分このクイズに興味を示すだろうと密かに期待している。なぜなら我々は歴史学者ホイジンガーが言うところのホモルーデンス(知的活動も含め遊ぶ人) なのだから。

0 B1

数に関する２つのクイズ

※解答は次のページにあります。

1．覆面算

次のA，B，C，D，Eに1，3，5，7，9を1回ずつ入れて式が成り立つようにせよ。ただしA，B，C，D，Eはすべて異なる数字である。

$$\begin{array}{rr} A & B \\ \times & C \\ \hline D & E \end{array}$$

（ヒント　2桁の数に1桁の数をかけて答が2桁だから、A，Cは大きい数ではない。またCは1，5ではない。）

2．フォーフォーズ

これはイギリス発祥の4を必ず4つ使い、あとは＋－×÷（　）を適宜(てきぎ)使って、1～9までの数を作る遊びである。ここで注意をしてほしいのは＋－×÷（　）の演算の順番である。優先順位とすれば　（　）、×÷、＋－である。例えば　$4+4\div4+4=4+1+4=9$、$4-(4+4)\div4=4-8\div4=4-2=2$　である。実は4を作るのが一番難しくアイディアがいる。なお答えは一通りではない。

4　4　4　4　＝　1
4　4　4　4　＝　2
4　4　4　4　＝　3
4　4　4　4　＝　4
4　4　4　4　＝　5
4　4　4　4　＝　6
4　4　4　4　＝　7
4　4　4　4　＝　8
4　4　4　4　＝　9

数に関する２つのクイズ解答

１．ヒントを元に考えると、下のようになる。答えは１通りしかない。

$$
\begin{array}{r}
19 \\
\times\ 3 \\
\hline
57
\end{array}
$$

２．解は一通りではないが演算の順番を確認してください。

$4 \div 4 + 4 - 4 = 1$
$4 \div 4 + 4 \div 4 = 2$
$(4 + 4 + 4) \div 4 = 3$
$(4 - 4) \times 4 + 4 = 4$
$(4 \times 4 + 4) \div 4 = 5$
$(4 + 4) \div 4 + 4 = 6$
$4 + 4 - 4 \div 4 = 7$
$4 + 4 + 4 - 4 = 8$
$4 + 4 + 4 \div 4 = 9$

この問題はいわゆる「制約の美学」と呼ばれるジャンルに入るだろう。数学で言えば「フェルマーの大定理」がその１つで「n が３以上の整数の時 $x^n+y^n=z^n$ という方程式は正の整数解 x,y,z を持たない」がそれだ。$n=2$ のときは三平方の定理で、$3^2+4^2=5^2$ より $x=3, y=4, z=5$ が解の１つだ。ところが n が３以上になると、例えば $x^3+y^3=z^3$ を満たす正の整数解 x,y,z はないと言っているのだ。ただし x,y,z が正の整数という制約がなければいくらでも解がある。

広く制約の美学の例としてサッカーではキーパー以外は手を使ってはいけないという制約があるから面白い。チェコでは人形劇が盛んで専用の劇場も多数ある。人形劇が盛んな訳は、ドイツの支配にあった時にチェコ語が禁じられたが人形劇だけは許されていた。また旧ソ連の実質支配下におかれた時に人形での隠れた風刺劇はできた。悲しい制約の中でマリオネット（操り人形）は輝きを発し続けてきたのだ。

図形に関するクイズ

1．図形の等分割

次の図形は同じ正方形を３つ集めたものである。

これを４つの形も大きさも同じ（つまり合同な）図形に分けてほしい。

（ヒント　３個を４個に分けるからまず12個の同じ形に分割してみよう）

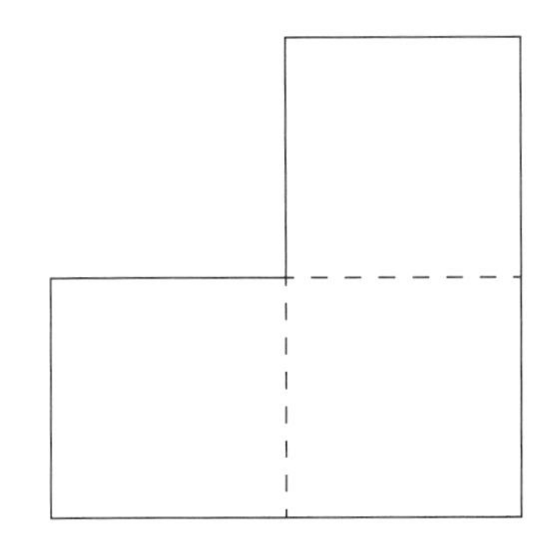

2．同じ面積の図形を12種類作る

たて、横が１㎝の方眼紙の線を使って、面積が５cm^2の図形を色々作ってほしい。ただし裏返したり、回転させて同じものは１つとする。全部で12種類できる。例として下に２個載せる。よってあと10個ある。

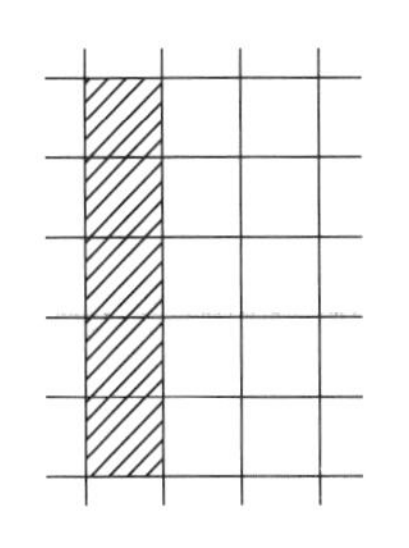

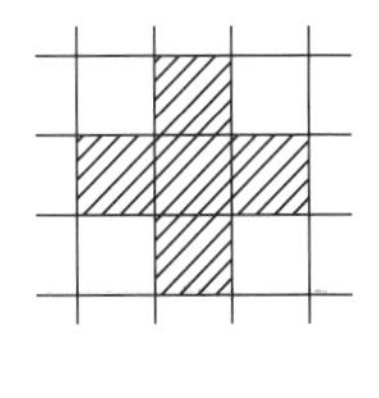

図形に関するクイズ解答

１．12 個の小さい正方形に分割できれば、12 ÷ 4 = 3　より小さい正方形３個を１グループにして新しい分割を作ると下の図のようになる。この図形は元の図形と相似になっている。

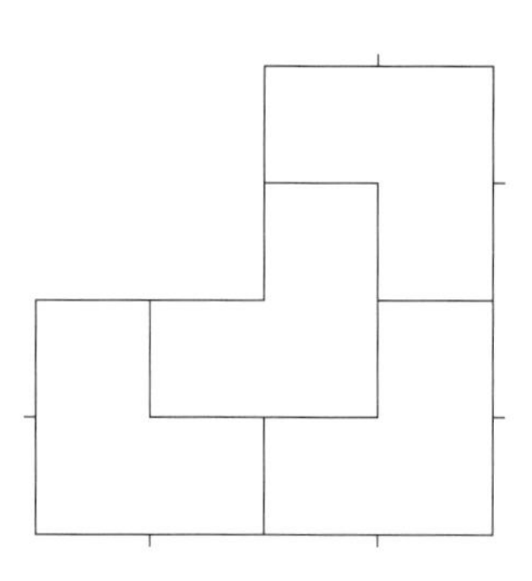

２．残りの 10 個は以下の通りである。回転したり、裏返にしたりして同じ図形になることの無いように注意しよう。この見方は２つの三角形の合同にも使われる。

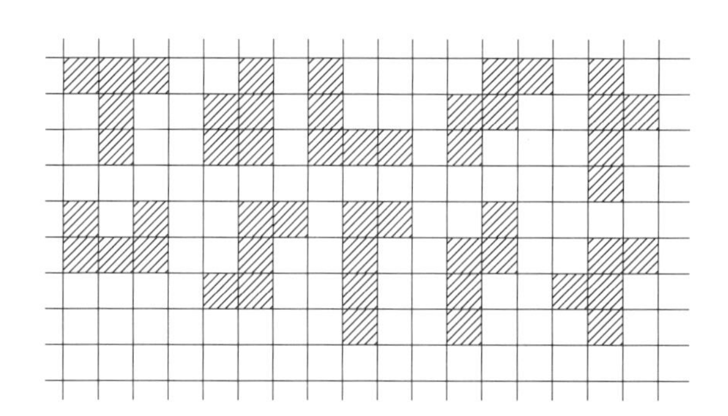

数学に舞台裏から楽しく再挑戦

目　次（章立て）

目　次（詳細）

1章 A

算数の限界と算数から数学へと羽ばたくために

1 間違いやすい計算と「＝」の使い方の確認

算数は答えがはっきりとしていてすぐに求められるので好きな生徒が多い。しかし数学に変わると計算の内容も複雑になり文字や負の数も出てくるので簡単にはいかない。また「＝」も今までとは違う使い方も入ってくるので混乱する。間違いやすいポイントに絞り例を挙げて説明する。内容は中学1年終了レベルである。主なポイントはまず式全体の構造を見る事と（　）と「＝」の使い方である。「＝」の使い方も筆者の勝手な分類で、①「流れの中の（式を簡単にするための）イコール」、②「つり合っているイコール」、③「関数としてのイコール」、④「そっくりな物どうしのイコール」、⑤「本当は正しくないイコール」の5つに分けて例も示す。

⑴　まず全体の構造を見て次に演算の優先順位(（　）、累乗、×÷、＋－)を意識する。特に（　）に注意

例　$(-3)^2=(-3)\times(-3)=+9$、$-3^2=-(3\times3)=-9$、$2\times3^2=2\times9=18$ であり $2\times3^2=(2\times3)^2=36$ ではない。

例　$6\div(-3)+2\times(-1)^2$ において×、÷は結びつきが強く、＋、－は結びつきが弱いので全体として2つの固まりの和であり $6\div(-3)+2\times(-1)^2=(-2)+2\times1=-2+2=0$ となる。

⑴で出て来る「＝」は①「流れの中のイコール」である。

⑵　文字式の展開において、分配法則 $m(a+b)=ma+mb$ に注意

例　$(9a+7)-(2a-3)$ この式を2つの1次式の掛け算とみる生徒もいるがこれは2つの固まりの引き算である。うしろの（　）の前には－1が省略されている。（　）を外すことにより -3 が $-(-3)=+3$ となる事に注意。

$(9a+7)-(2a-3)=9a+7-2a+3=9a-2a+7+3=7a+10$

⑵で出て来る「＝」も①「流れの中のイコール」である。

⑶　文字に値を代入するときは（　）をつけて代入する。

例　$x=-3$ のとき、$1-2x=1-2\times(-3)=1+6=7$、$-2x^2$ の値は $-2\times(-3)^2=-2\times9=-18$ 数学では $1-2\times-3$ の様に「×－」となる事はない。$\times(-3)$ とする。

⑷　１次方程式を解くときは②「つり合っているイコール」であり、等式の性質を用いて解く。

例　$2x + 1 = 3x + 5$という１次方程式を解く際に等式の性質を使う。「＝」の役割が重要になる。

この問題を$2x + 1 - 3x - 5 = -x - 4$としてしまう生徒がいるが、それは①と混同しているからである。

正解は　$2x - 3x = 5 - 1$（符号に注意して移項する）

$-x = 4$（整理する）

$x = -4$（両辺に-1をかける）「＝」は真ん中にあり、その左右は等式の性質を使って変形される。

⑸　１次式と１次方程式は似ていても別のもの。２次式と２次方程式も別のもの。

例　１次式　$\dfrac{2x-1}{3} - \dfrac{3x-4}{5}$の計算は数字で言えば$\dfrac{1}{3} - \dfrac{1}{5} = \dfrac{5-3}{15} = \dfrac{2}{15}$と構造は同じである。

$$\frac{2x-1}{3} - \frac{3x-4}{5} = \frac{5(2x-1)}{3\times5} - \frac{3(3x-4)}{5\times3} = \frac{10x-5-(9x-12)}{15} = \frac{x+7}{15}$$

これは①のイコールであり、最初に15を掛けてはいけない。②のイコールではないから。

例　１次方程式　$\dfrac{2x-1}{3} - \dfrac{3x-4}{5} = 0$これは②のイコールだから両辺に15を掛けて変形し$x$の値を求める。

$5(2x-1) - 3(3x-4) = 0$、0に15を掛けても0で右辺の0はしっかりと残る。$10x - 5 - 9x + 12 = 0$

$x = 5 - 12$

$x = -7$

例　２次式　$x^2 - 5x + 6$は$x^2 - 5x + 6 = (x-2)(x-3)$と因数分解できるが①のイコールなのでここで終わり。

２次方程式　$x^2 - 5x + 6 = 0$はxに代入すると0となるある値xを求める事でこれは②のイコール。因数分解と0の性質を用いて解く。

$x^2 - 5x + 6 = 0$

$(x-2)(x-3) = 0$ここで0の重要な性質、

○×△＝0の時　○＝0または△＝0を用いて

$x-2=0$ または $x-3=0$ より $x=2$ または $x=3$ となる。

(6)　③「関数としてのイコール」、④「そっくりな物どうしのイコール」、⑤「本当は正しくないイコール」の例。

③の例は $y=2x-4$, $y=-x+2$ などで、右辺 x の式が左辺の y を定義している。これは②のイコールでもある。この2つの関数を直線と見て、その交点の x 座標を求める時は交点の y 座標が同じだから $2x-4=-x+2$ となりこれを解くと $x=2$ となる。y も求めると $y=0$ となり、2直線の交点の座標は $(2, 0)$ である。

2次関数 $y=x^2-5x+6$ も③のイコールで、x 軸(直線 $y=0$)との交点の x 座標を求める時は $x^2-5x+6=0$ となり、$x=2$, $x=3$ である。

④のイコールの例は

$(a+b)^2=a^2+2ab+b^2$、$(a^2+b^2)(c^2+d^2)=(ac+bd)^2+(ad-bc)^2$ などで、左辺と右辺は見た目が違ってもそっくりである。高校ではこれらの式を恒等式(こうとうしき)という。

⑤の例として小学校4年の割り算で「$7\div3=2$ あまり1」と教科書にある。しかしこの「=」は誤用だ。「$7\div3=2+1$」は成り立たないから。発達段階に応じた指導で仕方のないことかもしれないが、正確には「$7=3\times2+1$」と積と和の形にする。誤用をさけるには「$7\div3$ は2あまり1」とした方がいい。高校2年の「数学Ⅱ」に、$(2x^2+7x+5)\div(x+3)$ の様な割り算が出て来て、正しい「=」の式が必要となるからである。

2　問題提起から算数と数学の違いを見る

(1)　4つの問題を提起する。

①病院では医療費が3割負担だった。では病院で1000円払ったときに、実際にかかった医療費はいくらか。

②太郎君の家から学校まで1500メートルある。太郎君の歩く速さは1分間に60メートル、走ると1分間に110メートルである。家から学校まで20分で行くとすると何分走らなければならないか。

③$-\frac{1}{4}$ と $-\frac{1}{3}$ で大きいのはどちらか

④かべ1面の $\frac{3}{4}$ を塗るのにペンキを $\frac{2}{5}$ 缶使った。かべ1面を塗るのに何缶必要か。

(2)　4つの問題の算数と数学の解答

①(i)算数では

3割は0.3である。(何割や何分は教科書では補足事項。教科書では%のみ)

元にする量＝比べられる量÷割合から

1000 ÷ 0.3 より約 3333 円

(ii)数学では

元の値段を x とする。ここで「和文数訳」をする。「…は」は「＝」に、「…の」は「×」に直す。％や何割何分は小数や分数に直し、「増し」や「引き」は全体を１として加工する。すると $x \times 0.3 = 1000$

ここで x の求め方は等式の変形を用いるが、それを忘れても「2，3，6の３つ数字の関係」から類推できる。$x \times 2 = 6$ から $x = 6 \div 2 = 3$ となるので

$x = 1000 \div 0.3 \fallingdotseq 3333$　より約 3333 円

x の方程式が $x \div 3 = 2$ $\left(\frac{x}{3} = 2\right)$ の形のときは　$x = 3 \times 2 = 6$ を用いる。

②(i)算数では

この問題は「旅人算」に見えるが、解き方はまず全部を鶴とする「鶴亀算（つるかめざん）」である。まず 20 分全て歩くとすると、60 × 20 = 1200 メートルで、1500 − 1200 = 300 メートル残ってしまう。歩きと走りの１分の差は 110 − 60 = 50 メートルであるから、300 ÷ 50 = 6 より走るのは６分となる。

(ii)数学では

歩く時間を x 、走る時間を y とする。すると時間や距離の式より $x + y = 20$，$60x + 110y = 1500$ と連立方程式が作れ、$x = 20 - y$ を $60x + 110y = 1500$ に代入すると $60(20 - y) + 110y = 1500$ より $50y = 300$ よって $y = 300 \div 50 = 6$ より６分となる。

③負の数は算数にはないが、数学の苦手な生徒はすぐに勘で答えを出そうとする。数学が得意な生徒は図を使い２段階で順を追って考える。

もちろん図を頭の中でイメージしてもよい。

まず数直線を思い浮かべ、$\frac{1}{4} < \frac{1}{3}$ を確認する。次に − を付ける事は原点に関する対称移動なので、原点から遠い点は遠い点に移動する。よって $-\frac{1}{4} > -\frac{1}{3}$ となる。図を示すと以下のようになる。

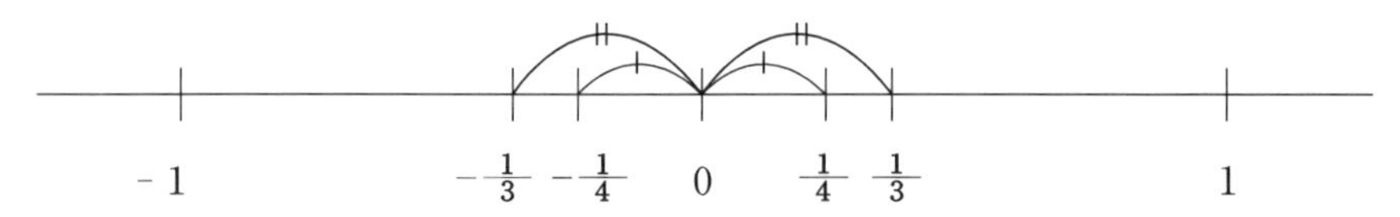

④(i)算数では

教科書では、まず数値を分数ではなく整数の場合で問題を解き、その類推から $\frac{2}{5} \div \frac{3}{4} = \frac{2}{5} \times \frac{4}{3} = \frac{8}{15}$ 缶とする。この問題は分数で割る時、分母分子を逆にして掛ける事の理由としても使われる。

(ii)数学では

かべ１面を塗るのにx缶必要とすると$\frac{3}{4}:1=\frac{2}{5}:x$となり、$\frac{3}{4}x=1\times\frac{2}{5}$これから$x=\frac{2}{5}\div\frac{3}{4}=\frac{8}{15}$が求められる。小学校でも$a:b=c:d$はやるが、外項の積と内項の積は等しい、つまり$ad=bc$はやらない。$x$と比例式を使えば簡単に答えを出せる。

(3) 算数と数学の解法の違い、特徴の比較

簡単な表にしてみる

	算　数	数　学
考え方	色々類推したり、ひねったりして考える。	問題に合わせて、xを用いて素直に式を作る。
解き方	問題文にある2つの数、A ,Bについて5つの演算A+B, A－B, A×B, A÷B, B÷Aから１つを選んで計算する。	x, yを用いて方程式、不等式を作り、等式、不等式の性質を使って解く。図、グラフを用いる場合もある。
解法の階段	演算１つであるから１段。	式を作ったり図をかき解くので２段、あるいは３段。
素材の多少	少。よって中学入試では考えさせる問題として鶴亀算の様な問題がよく出題される。	多。大学で学ぶ広範囲の分野を易しくした素材がたくさんあり、それが高校入試、大学入試の問題になる。

表を見て分かるように、算数は鶴亀算のように、ひねって考えたりもするが、結局は５択の演算からどれを素早く選ぶかになってしまっている。極端に言えば足し算でなかったら掛け算と言った具合だ。数学はxを用いて素直に式を作り解く。この時紙に書いたり、図を描き階段をゆっくりと２段、３段登るが、これができれば数学はできるようになる。

3　算数の限界から数学へ

人は基本的に同じような問題と感じれば最初に学んだ解法に固執する。そのため最初に学んだ算数の限界をきちんと理解し数学につなげることが重要である。例も含め違いを簡単な表にしてみる。

	算　数	数　学
特　徴	具体的で分かりやすいが一般化できない。有限の世界。	文字や公理、定理を使い、具体的な事柄を一般化する。無限にある事にも対応できる。
例１ 奇数＋奇数は偶数か	奇数の和をたくさん作り確かめるだけ。例えば$3+5=8$, $5+7=12$, $7+9=16$, $3+3=6$など。 これだけでは偶数となる事は類推できるが断定はできない。そうならない例があるかもしれないから。	一般化するために、文字を用いる。m,nを自然数（1以上の整数）とする。m,nは基本的に異なる数だが、同じ場合があってもよい。偶数は$2\times$自然数と表せ、奇数は偶数$+1$と表せるので、奇数は$2m+1$, $2n+1$と表す事ができる。すると$(2m+1)+(2n+1)=2(m+n)+2$となり、これは偶数である。無限にある奇数の２つの和はどんな場合も偶数になる事がこれで証明された。
例２ 三角形の内角の和は180°	色々な三角形を紙で作り、その３つの角を取り出して合わせ一直線になる事を確かめる。 これだけでは、そうならない三角形があるかもしれない。 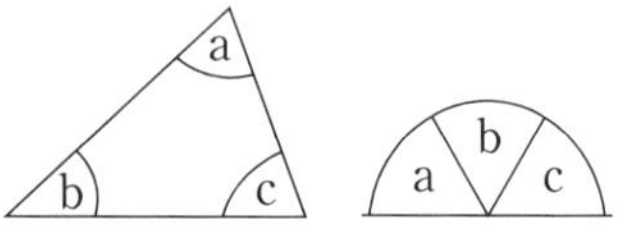	以下の図の様に頂点を通り、底辺に平行な直線を引く。平行線の性質（錯角は等しい）を用いて3つの角の和が180°を証明する。 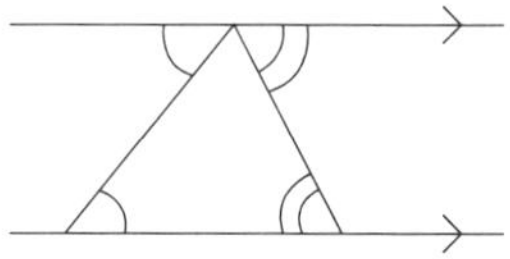

発達段階に即した教育をしなければならないので算数の役割は重要だが一般化に対応できない。一般化は数学の作法、流儀である。

4　算数をちょっと一般化すれば数学になる

算数の悪口を色々述べているようだが、実は算数の具体的な良さを生かして、ちょっと工夫すれば立派な数学になる場合が多い。２つ例を挙げる。

例１　これは「数当て」というクイズである。以下は通子（かよこ）さん、秀夫（ひでお）君の２人の会話とする。ちなみに通子さんは算数は出来たが数学は今一つの中学３年生。秀夫君は数学が得意の高校３年生。２人はいとこ同士だ。(　)の中は自分の頭の中の言葉である。以下通子さんはK子さん、秀夫君はH君とする。

H君　　「何か好きな正の整数を頭の中に思い浮かべて」
K子さん「いいよ。(私の年齢の14とするよ)」
H君　　「その数を2倍して、2を足して」
K子さん「わかった(2×14＋2＝30か)」
H君　　「さらにその数を5倍して5を足して。いくつになった」
K子さん「しつこいわね。(30×5＋5＝155か)155よ」
H君　　「K子さんが思い浮かべた数は14だね。(その数から15を引いて、次に10で割ればいいから、155－15＝140、140÷10＝14だ)」
K子さん「なんでわかったの。H君すごい」

種明かしをするには文字が必要になり、好きな整数をNとしてみる。さっきの14をNに変えてみると(2N＋2)×5＋5＝10N＋10＋5＝10N＋15ここで(10N＋15－15)÷10＝Nとなる。これで立派な数学になる。

実は小学校5年でも、文字を意識した□を用いた計算が出て来る。例えば□×2＝6より□＝6÷2と言った記述だ。xを用いた式を作る事も小学校6年でやる。しかし「＝」の今までとの違いや、xを含む式の計算をマスターする必要があるので中途半端の感がある。

例2は高校入試の定番で、ある点が動いた時にできる三角形の面積を求める問題である。これは慣れていないと難しいので飛ばしてもよい。まず具体的な数字を当てはめ、その規則性から数学にもっていけばできる問題の典型である。

H君　　「K子ちゃん高校入試の問題やっているよね。次の問題はどう。長方形ABCDがある。点Pが点Aから秒速1㎝で周上をABCDと動く。このときx秒後の三角形APDの面積yを次の場合について答えよ。ただしその時のxの範囲も示す事」

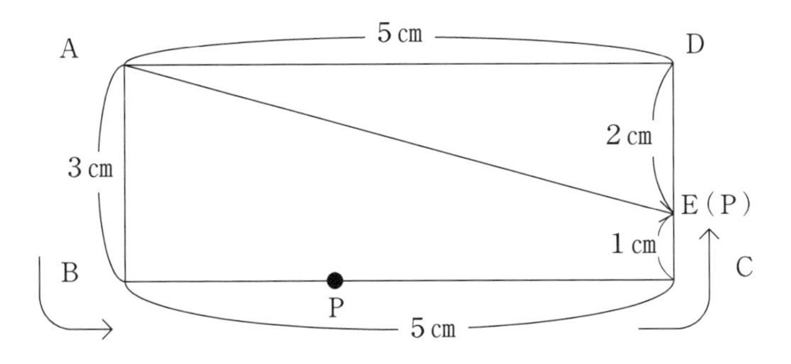

①点PがAB上にあるとき　②点PがBC上にあるとき
③点PがCD上にあるとき

K子さん　「①はまずxの範囲は$0 \leqq x \leqq 3$で面積は$y = \frac{1}{2} \times 5 \times x = \frac{5}{2}x$ね」
H君　「なかなかいいね」
K子さん　「この前塾でやったばかりだから。②も簡単。ADを三角形の底辺とすれば高さは3で一定。だからxの範囲は$3 \leqq x \leqq 8$で面積は$y = \frac{1}{2} \times 5 \times 3 = \frac{15}{2}$」
H君　「いいね。その調子。問題は③だ」
K子さん　「うまくxで表せない。xの範囲は$8 \leqq x \leqq 11$だけど。ストレスがたまるな」
H君　「こんな時すぐxを使った答えを出そうするのではなく、まず具体的な点で考える、算数でいく。点Cから1㎝いった点をEとするよ。点Pが点Eに来た時の三角形APDの高さは何㎝になる」
K子さん　「それは簡単で2㎝よ」
H君　「その2㎝はどうやって求めた」
K子さん　「$3 - 1 = 2$だから」
H君　「いま点Pは点Aが出発点で、点Aからの道のりがxだよね。xを意識して考えると点Eの点Aからの道のりはいくらだい」
K子さん　「$3 + 5 + 1 = 9$ね」
H君　「ではその道のり9から三角形の高さ2をどうやって求めればいいのだろうか」
K子さん　「点Dまでの道のりが$3 + 5 + 3 = 11$だから$11 - 9 = 2$となるわ」
H君　「そうだね。それが階段で言えば1段目だ。じゃそれをxで表したらどうなるかな。いまの9をxにすればいい。それが2段目だ」
K子さん　「すると高さは$11 - x$だから$y = \frac{1}{2} \times 5 \times (11 - x) = \frac{5(11-x)}{2}$か。11は気がつかないね」
H君　「でも具体的な点でまず考えて、次にその規則性に着目すればいい。すぐに答えを求めようと焦らない事だね。算数のよさを生かして数学に結び付けられれば数学はできるようになるよ」

1 B 1

２つのケーキの面積

Ａ君とＢ子さんは洋菓子店で会話をしている。Ｂ子さんは合理的な考えの持ち主で明日渡すバレンタインデーのチョコレートをＡ君と確認しているのだ。チョコレート a,b は１辺が 12㎝の正方形の中に入っていて厚さは同じだ。Ａ君は b の方が量が多そうだから b にすると言っているが、それでよいだろうか。ただし円の面積(S)を求める公式は半径を r、円周率を π とすると $S = \pi \times r^2$ である。

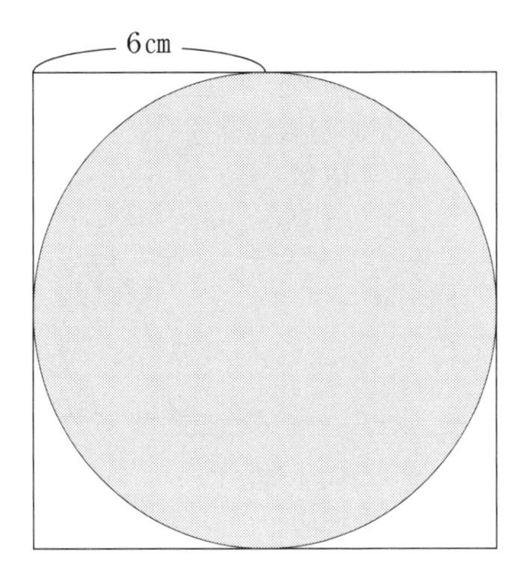

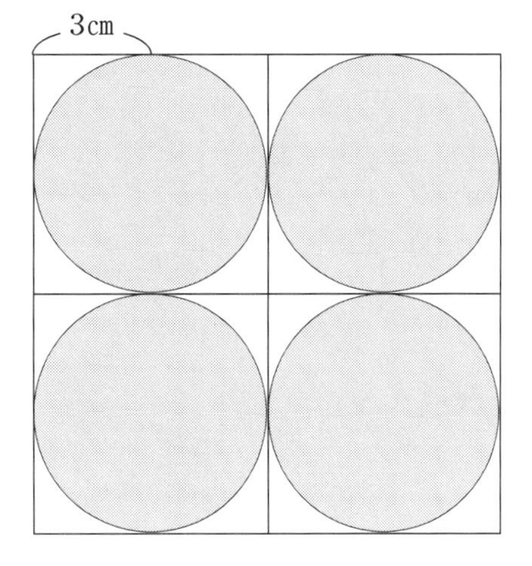

解答

まずaとbの面積を計算してみよう

aの方は半径6㎝の円が1個だから$S=\pi\times6^2=36\pi$

bの方は半径3㎝の円が4個だから$S=\pi\times3^2\times4=36\pi$

よって面積は同じになる。

ここで終わりではなくついでにcの面積はどうだろう。

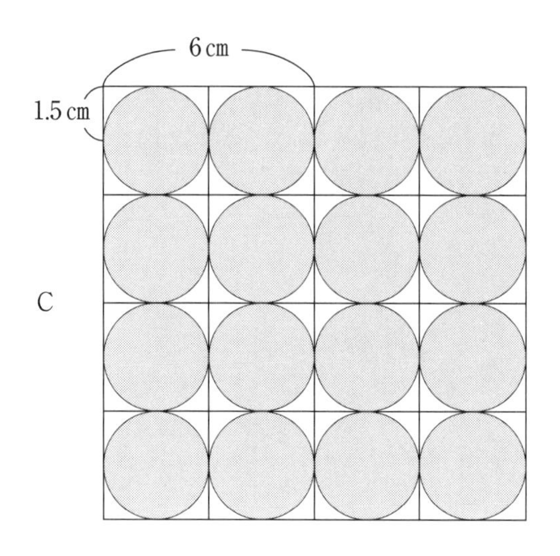

cは半径1.5㎝の円が16個あるから$S=\pi\times1.5^2\times16=36\pi$となる。

もうお気付きと思うが円の面積は半径の2乗に比例する。すると半径が$\frac{1}{2}$, $\frac{1}{4}$になると、面積は$\left(\frac{1}{2}\right)^2=\frac{1}{4}$、$\left(\frac{1}{4}\right)^2=\frac{1}{16}$となるが個数は逆に$2^2=4$, $4^2=16$個と増えていくから結局円の面積の総和は$\frac{1}{4}\times4=1$, $\frac{1}{16}\times16=1$と同じになる。

解説

数学は文字を使って一般化する。cの場合を意識して正方形の1辺の半分の長さをrとし、1辺に含まれる円の個数をnとする。すると1個の円の半径は$\frac{r}{n}$。円の個数はn^2となる。

円の面積の総和をSとすると

$S=\pi\times\left(\frac{r}{n}\right)^2\times n^2=\pi\times r^2$

となり総和はnによらず、rだけで決まる。

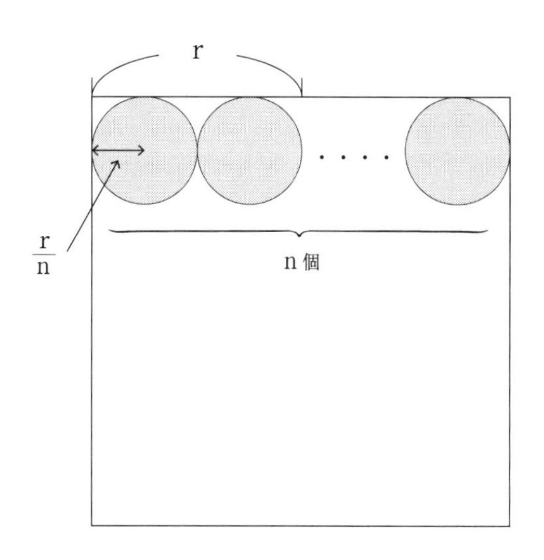

1 B2

地球1周トラックと400メートルトラックの内外2つのコースの差

400 メートルトラック（直線部分は約 160 m、円の部分は約 240 mで半径は約 38 m。実は直線と円のつなぎの部分がある）はカーブがあるためにコースによる距離の差が生じる。コースごとの幅は 1.22 メートルであるが簡単のために1メートルとし、いつでもコースの左端を走るとする。この時1コース違うとどれくらいの距離の差が生じるだろうか。

スケールの違う架空の話として地球の赤道に沿って1周するコースとその1メートル外側を1周する2コースがあったとする。すると赤道に沿ったコースと1メートル外側のコースとではどれくらいの距離の差が生じるか。ただし地球の半径は約 6378000 mである。

2つの問題の本質は同じなのでまず 400 メートルトラックの円の部分の半径を 38 mとして半径が（38+1）mとの円周の長さの差を求めてほしい。円周の長さ（l）を求める公式は半径をrとすると $l = 2\pi r$ である。ただし円周率$\pi = 3.14$とする。

次に下の図を参考に地球の半径を R メートルとして地球の問題の方も解いてみよう。

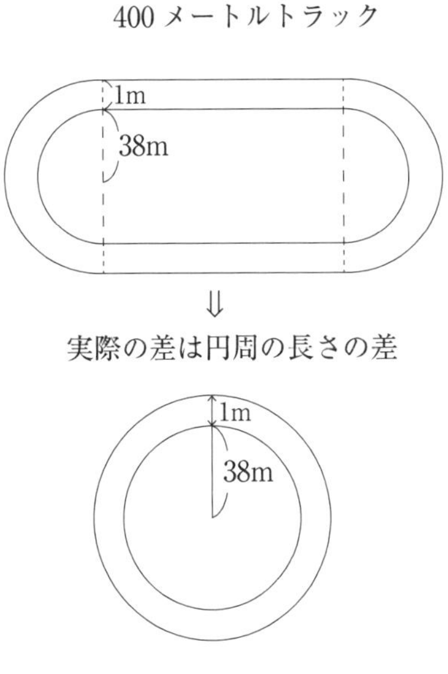

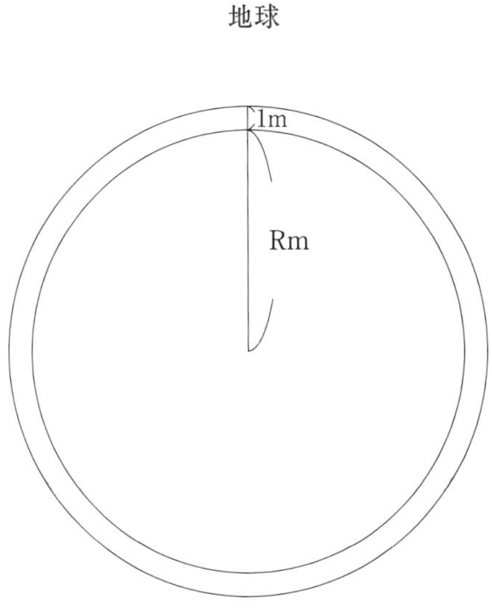

解答

400メートルトラックの問題で、半径が（38+1）mと半径が38 mの円周の長さの差は $2\pi\times(38+1)-2\pi\times38=2\pi\times38+2\pi\times1-2\pi\times38=2\pi=2\times3.14=6.28$ mとなる。

ここで $2\pi\times38$ が消えてくれる事が重要である。

赤道の問題も地球の半径をRメートルとすると赤道より1メートル外側のコースの円周の長さは $2\pi(R+1)$、赤道のコースの円周の長さは $2\pi R$。よってその差は $2\pi(R+1)-2\pi R=2\pi R+2\pi-2\pi R=2\pi=2\times3.14=6.28$ メートルとなる。

やはり $2\pi R$ が消えてくれ、2π だけが残る。要するにRは関係なく地球だろうが、400メートルトラックだろうが、半径10センチの円だろうが1メートル外側との円周の長さの差は常に $2\pi=6.28$ メートルになる。地球1周だからその差は大きいだろうという感覚は裏切られる。

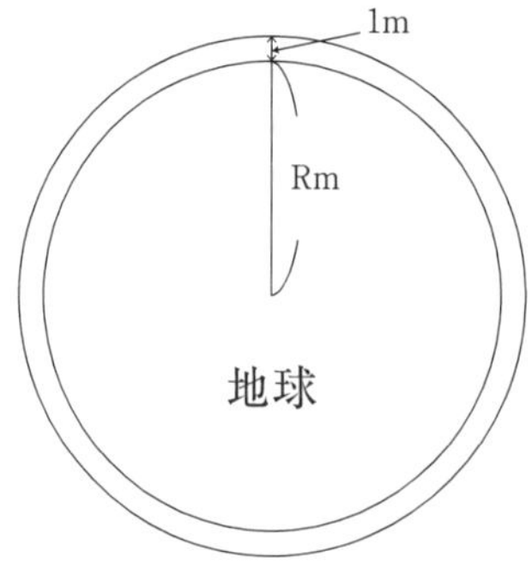

解説

実際の400メートルトラックでレーンの真ん中を常に走ると1周で（直線部分は関係しない）、1レーンごとの差は $2\pi\times1.22=2\times3.14\times1.22=7.66$ メートルとなる。

ついでに地球に関する次の問題はどうだろう。

「赤道にロープを1周めぐらし、そのロープを100 mだけ伸ばす。…①

その伸ばしたロープをまた地球の上に1周めぐらす。…②

この時地上からどれくらいの高さになるだろうか」

これも地球の半径をRm、地上からの高さをrmとする。

①は $2\pi R+100$、②は $2\pi(R+r)$ である。

②=①より $2\pi(R+r)=2\pi R+100$

$$2\pi R+2\pi r=2\pi R+100$$

ここで $2\pi R$ が消えて $2\pi r=100$

$r=\frac{100}{2\pi}=\frac{100}{2\times3.14}\fallingdotseq15.9$（m）となる。

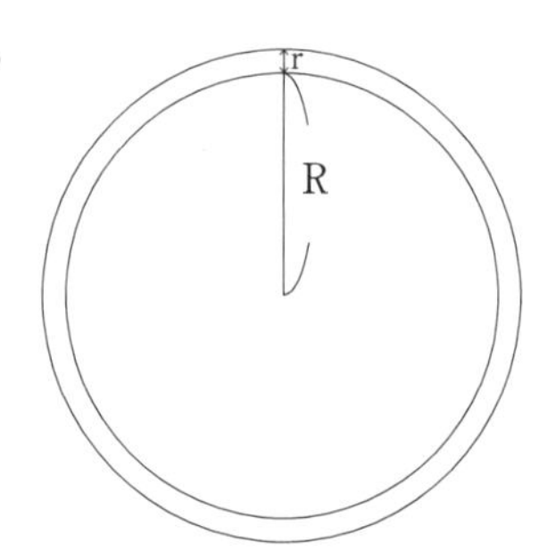

1 B3

九九は5の段まで覚えればよい訳

九九は「令和」で注目されている「万葉集」の歌にも出て来る。例えば「二、八十一」を「にくく」と読ませるのである。これは一種の戯(たわむ)れである。この当時「九九」は知識人の教養であり、「九九」の最初は「一一が一」ではなく「九九八十一」から始まっていた。だから名称が「一一」ではなく「九九」なのだ。

さてフランスの一部の地方では5の段までしか覚えず、あとは指を使って計算する。例えば「6×8」で6は左手の指を1本折り、8は右手の指を3本折る。

この時折っている指を足して10をかけると

$(1+3)\times 10 = 40$…①

次に立てている指の数の積を求めると

$4\times 2 = 8$…②

①と②を足すと $40+8=48$ で 6×8 が求められる。

ではどうしてこうなるかを数学として証明するために文字を使って示して欲しい。

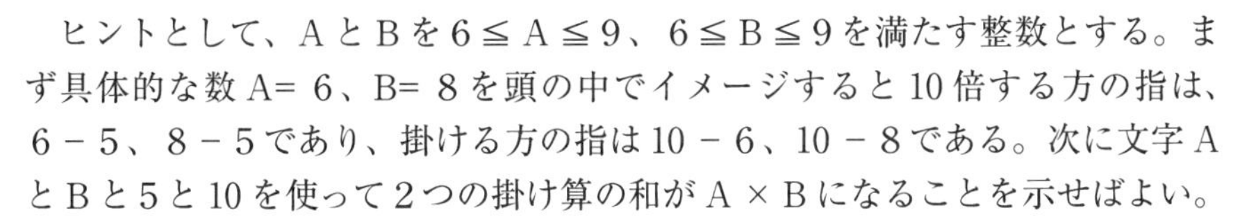

ヒントとして、AとBを $6\leqq A\leqq 9$、$6\leqq B\leqq 9$ を満たす整数とする。まず具体的な数A= 6、B= 8を頭の中でイメージすると10倍する方の指は、$6-5$、$8-5$ であり、掛ける方の指は $10-6$、$10-8$ である。次に文字AとBと5と10を使って2つの掛け算の和が $A\times B$ になることを示せばよい。

解答

10倍する方の指は$A-5$と$B-5$であるから$\{(A-5)+(B-5)\}\times 10$…①

掛ける方の指は$10-A$と$10-B$であるから$(10-A)\times(10-B)$…② となる。

①と②を足すと$\{(A-5)+(B-5)\}\times 10+(10-A)\times(10-B)$

$= 10A-50+10B-50+100-10B-10A+AB=AB$

となり証明できた。

解説

文字を使った証明をもう一つやってみる。

3の倍数の見分け方は簡単である。その数字を足して、その数が3で割れれば元の数も3の倍数である。例えば453は4＋5＋3=12で12は3の倍数だから元の453も3の倍数である。

この場合のポイントは100＝99＋1,10＝9＋1と分解する事にある。

$453=4\times 100+5\times 10+3=4\times(99+1)+5\times(9+1)+3$

$=4\times 99+4+5\times 9+5+3$

$=(4\times 99+5\times 9)+(4+5+3)$

ここで$(4\times 99+5\times 9)$は3の倍数（9の倍数でもある）だから

$(4+5+3)$の値が3の倍数かどうかを判断すればよい。

$(4+5+3)=12$で3の倍数だから元の453も3の倍数となる。

3けたの数の一般的な証明もやってみる。

3けたの数abcにおいて$a+b+c$の値が3の倍数の時、元の数abcも3の倍数であることを証明する。

上の453をabcに置き換えると

$abc=a\times 100+b\times 10+c=a\times(99+1)+b\times(9+1)+c$

$=a\times 99+a+b\times 9+b+c$

$=(a\times 99+b\times 9)+(a+b+c)$

ここで$(a\times 99+b\times 9)$は3の倍数（9の倍数でもある）で、

$a+b+c$の値が3の倍数だから、元の数abcは3の倍数になる。

この方法は9の倍数でも使える。

1 C1

1+1はなぜ2か

数学者の故遠山啓(ひらく)氏の「新数学勉強法」の最初に「1+1=1」の例として「ねこ1匹+ねずみ1匹=ねこ1匹」の話が載っている。ねこがねずみを食べるからである。発明王エジソンは「1+1=2」と学校で教えられた時に「1個の粘土と1個の粘土を合わせると大きな1個の粘土になる」と言って先生を困らせ、三ケ月で小学校を退学となった。

ここで数学的な話をすると、量には分離量と連続量がある。英語で言えば分離量はhow manyに対応し、連続量はhow muchに対応する。ねことねずみは分離量で粘土は連続量である。ただ粘土も適当な単位で1個、2個ともすることができる。これは連続量の分離量化である。英語でもa cup of teaとカップにするとteaは数えられる。

近所のスーパーでは1個35円のジャガイモを3個買うと100円で「35 + 35 + 35 = 100」となる。こんな例は身近にたくさんある。JRの運賃の話をすれば、601㎞を越えると運賃の上昇の割合が緩くなる。例えば大宮⇒盛岡は約505㎞で乗車券は8360円である。よって往復だと1010㎞で16720円だ。しかし一筆書きの様にして例えば大宮⇒盛岡⇒秋田⇒新潟⇒高崎⇒大宮と遠回りして戻ってくると1217㎞で601㎞を越えるので14410円になる。距離が長い方が安いのだ。

話を元に戻すと、「1+1=2」とならない例はそれなりにあるが、「1+1=2」の例の方が圧倒的に多い。リンゴ1個+りんご1個=りんご2個だし、牛1頭+牛1頭=牛2頭だ。数え方の歴史を言えば、まず一、二、三などの数詞を知らなくとも数える事は可能だ。牛を10頭(この時十という数は知らないが)に対応する石ころ10個を置いて、放牧して帰ってくるときに、石が1個残っていたら、牛も1頭どこかに行っていることになる。そのうちに現実にあるリンゴ1個と牛1頭を抽象化してその足し算、引き算から1+1=2が出て来たのだ。それにともない数詞も生まれて来た。小学校低学年の児童にとって、帽子1個+帽子1個=帽子2個は理解できても、その抽象化である1+1=2の理解が難しかったりするが、それはある意味当然の事だ。

数学の理論(大学での数学)として「1+1=2」を証明するには、集合論の中の公理的集合論の知識が必要になる。「ペアノの公理」によって自然数が定義され、これにある関数を定義することにより「+」が定義できる。これは数学的帰納法(高校の数学Bの数列の分野にある)などを用いて作り上げられている。数学的帰納法は有限と無限をつなぐ重要なアイテムである。これにより無限にある自然数の性質が出て来て、その一例として「1+1=2」が導かれる。「1+1=2」の証明は学問的にはなかなか難しいのである。

1 C2

マイナス×マイナスはなぜプラスか、2−(−1)=2+1はなぜ

フランスの作家スタンダール(1783 〜 1842) は学校で正負の加減を借金と財産の例で教わった。その後乗法において「マイナス×マイナス = プラスならばどうして借金×借金が財産になるのか」と先生に質問したがうまく答えてくれなかったと述べている。

結論から言えば、今までの法則を生かすならばそうせざるを得ないからである。言わば法則の拡張としてそうなるのである。法則は4つあって、1つ目は0の性質、$a\times0=0$,2つ目は分配法則 $a(b+c)=ab+ac$,3つ目は $(-a)+a=0$,4つ目は (正の数)×(負の数)= (負の数) である。この4つが成り立つとして次の式の値を2通りで考える。

$(-3)\times\{(+2)+(-2)\}$ は分配法則を使うと、$(-3)\times(+2)+(-3)\times(-2)$ となり、その上で (正の数)×(負の数)= (負の数) を使うと $(-3)\times(+2)=-6$となるから

$(-3)\times(+2)+(-3)\times(-2)=-6+(-3)\times(-2)$…①

ここで{ }の方を先に計算すると $(-a)+a=0$で、$a\times0=0$から

$(-3)\times\{(+2)+(-2)\}=(-3)\times0=0$…②となる。

①と②の値は同じになるはずだから $(-6)+(-3)\times(-2)=0$なる。そのためには

$(-3)\times(-2)=+6$とするしかない。

ある高名な数学者はこう言っている「$(-1)\times(-1)$ は+1か−1だ。$(-1)\times(-1)=-1$とする。この両辺を−1で割ると$-1=+1$となってしまう。よって $(-1)\times(-1)=+1$だ」と。これも両辺を−1で割っても等式が成り立つという法則を生かす事を前提としている。

「借金×借金 = 財産」の問題に戻る。一般に掛け算は1個の値段×個数のように性質の異なる値の積を求める場合が多い。マイナス×マイナス = プラスの例を実生活で求めるならば、教育的ではないが、5万円の借金を3回踏み倒したとすれば一応 $(-5)\times(-3)=+15$ の説明になる。つまり15万円のプラスになる。

$2-(-1)$ についてだが、こんなゲームを考える。まず、$2+(-1)$ は+2点のカードを持っていて他人から−1点のカードを引いてきたとする。するとこの時のトータルの点は $2+(-1)=+1$ 点となる。

$2-(-1)$ は+2点のカードと−1点のカードを持っていたら、他人が−1点のカードを引いてくれた。このことは−1点が0になったわけだから+1点の加点と考える事ができ、この時のトータルの点は $2-(-1)=2+1=3$ となる。

負の数の歴史を言えば紀元前の中国や7世紀のインドで一部使われていた。ヨーロッパではフランスのデカルト(1596 〜 1650) が座標を用いて負の数を示したが、その後も色々な議論がありすぐには広まらなかった。

1 D1

4人の麻雀旅行での個々の支払

A 君のお父さん D さんは学生時代の友人 E,F,G さんと年に1回の宿泊麻雀旅行に行くことを楽しみにしている。問題はその時の会計である。今年 E さんは仕事の都合で行きは電車であとから来た。残り3人は往復とも G さんの車で、E さんも帰りは車である。ここで各々が払ったお金の内容を列記する。

D さん　D,F,G の3人分の昼飯代　2400 円を払った。これは3人で割り勘。
4人分の飲み物（お酒）代 5000 円も払った。ただし D さんはお酒が好きで、他の人の2倍を払うと言う。

F さん　4人分の宿代　40000 円を払った。これは4人で割り勘。

G さん　往復の高速代とガソリン代合わせて 14000 円払った。ただし E さんは帰りは乗ったが、行きは乗っていない。

さて4人で金のやり取りをまとめてどうすればよいか。1つの項目ごとにやり取りをすると時間と労力の無駄になる。

解答

まず、全体を見れば当然の事だが、4人全体で払うべきお金と使ったお金の合計は同じである。言わば閉鎖系だ。

(1)　最初に個々が払うべきお金の合計を計算する。

D,F,G の3人分の昼飯代　2400 円より D,F,G 1人の昼食代は1人 800 円。D,E,F,G の飲み物代は D さんが他の2倍より D,E,F,G はそれぞれ 2000 円、1000 円、1000 円、1000 円だ。宿代は1人 10000 円。高速代、ガソリン代について、E さんは片道なので往復を考えると、6+1= 7で 14000 円を7で割って、2000 円となるので、E さんは 2000 円で残りは 4000 円となる。ここで正確には行きの料金は3人で割って、帰りは4人で割るのが正しいのだが多少アバウトにやる。

(2)　4人が払ったお金と払うべきお金、それから計算した差額の表を作る。

	D	E	F	G
払ったお金	7400	0	40000	14000
払うべきお金	16800	13000	15800	15800
その差額	−9400	−13000	+24200	−1800

表の差額を4人でやりとりすればいい。

表を作って考える事は数学への第 1 歩である。

1 D2

距離と燃費とガソリンの値段の関係

次の２問は同じ構造の問題である。一見違うように見えていて、本質は同じであると見抜くことは数学を勉強する上で大切なことである。

問１　A君はB子さんと週末ドライブに行く予定だがあまりお金に余裕がない。ドライブ先は往復で240㎞、A君の車はガソリン１ℓで約12㎞走る。今ガソリンの値段は１ℓで145円。この時ガソリン代はいくらになるか。

問２　この問題は看護系の専門学校の入試によく出題される。お米はご飯になる時水を吸って2.5倍の重さになる。ご飯100gは170kcalである。ご飯で425kcal取るときお米は何g必要か。

ヒント

問１、問２ともに変数が３つあって、それが互いに比例している。すぐに答えを出さずまず３つ変数の関係を図に書く。ポイントになるのは間接的に関係している真ん中の変数である。

解答

問１ まず図は次のようになる。

距離	１ℓで12㎞	ガソリンの量	１ℓで145円	代金
240㎞	⇔		⇔	

求めるのは距離からガソリンの代金であるが、真ん中のガソリンの量がポイントになる。

まず距離と燃費の関係からガソリンの量は、240 ÷ 12 ＝ 20ℓ必要になる。次に代金は１ℓで145円だから、145 × 20 ＝ 2900円となる。

問２　図は次のようになる。

お米	お米からご飯は2.5倍	ご飯	ご飯100gは170kcal	カロリー
	⇔		⇔	425kcal

「お米」と「カロリー」に目がいってしまうが、ポイントは真ん中のご飯の量である。ご飯100gは170kcalより425kcal取るためにご飯は425 ÷ 170 × 100 ＝ 250gご飯の量からお米の量は250 ÷ 2.5 ＝ 100gになる。

問２でもっと意地悪しようと思えば、１kcal= 約4.2kJ（キロジュール）で、1785 kJをご飯から取るとき、お米は何g必要かと付け加える事ができる。３つではなく４つの変数の図を描いて、順に求めていけばできるはずである。

1 D3

5%割引き券と50円割引き券の使い方

問１　B 子さんは同じスーパーの 5% 割引き券と 50 円割引券を持っている。いくら以上の買い物のとき 5% 割引き券が 50 円割引券より得になるか。

問２　B 子さんのお母さんは旅行が大好きで、ある旅行社の会員になっている。この会員になるには年会費 3000 円が必要である。会員になると運賃の１部（乗車券）が２割引きになる。乗車券について年会費を払っても得になるのはいくら以上の時か。

問3　お茶屋A店で100g1000円のお茶を2割引きで売っていた。同じ系列のB店では同じお茶の量を2割増し1000円で売っていた。どちらが得か1円で買える量で比べてみよう。また一般に100gでa円の品をp割引きとp割増しではどちらが得だろうか。

解答

問１　スーパーで買った品物の値段をxとする。xを用いて 5% 割引きで得した金額が 50 円より多いとする不等式を作る。それは

$$0.05 \times x > 50$$

両辺を 100 倍して　$5x > 5000$

両辺を５で割って　$x > 1000$

よって 1000 円より多い買い物のときは 5% 割引きの方が得だ。逆に言えば 1000 円より少ない時は 50 円割引券の方が得である。

問２　乗車券の値段をxとする。xの２割が年会費 3000 円より多いとする不等式を作る。　$0.2 \times x > 3000$

両辺を 10 倍して　$2x > 30000$

両辺を２で割って　$x > 15000$

よって乗車券を年間 15000 円より多く払えば年会費よりも得になる。

問３ 2割引きの方は800円で100gだから、1円では100÷800=0.125g

2割増しの方は1000円で120gだから、１円では120÷1000=0.12g

よって２割引きの方が安い。

一般に 100g でa円の品をp割引きで買った時の１円で買える量は

$100 \div a\left(1-\frac{p}{10}\right)=\frac{1000}{a(10-p)}$ …①　p割増しの時の１円で買える量は

$100\left(1+\frac{p}{10}\right) \div a=\frac{100(10+p)}{10a}$ …②　①と②を比べるとaは関係なくなり$\frac{1000}{10-p}$と$\frac{100(10+p)}{10}$の大小を通分して比べればよい。

$$①-② = \frac{1000}{10-p}-\frac{100(10+p)}{10}=\frac{1000\times 10-100(10+p)(10-p)}{10(10-p)}=\frac{100p^2}{10(10-p)}$$

ここで

$100p^2 > 0, 10(10-p) > 0$より①−②>0で① > ②となりp割引きの方が安い。

このp割引き増しはある大手銀行の入社試験問題である。

2章 A

比で比べる事と確率

⑽ 6人の人物紹介

1章の終わりでいとこ同士の秀夫と通子が出て来たが、ここではその父と母、兄弟を合わせて6人の紹介をする。その父と母は兄弟で2人ずつ子どもを連れて夏休みに郷里である八ヶ岳の麓の町に帰省している。( )内はこれからの会話に出て来る際の略称である。

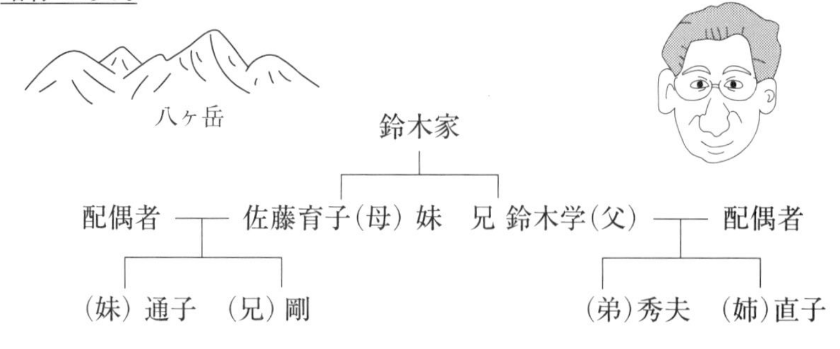

①鈴木学(父)高校の数学教師でこれから数学の説明を担当する。小中学校の数学にも精通し、大学の数学も学び直している。特に統計学に興味がある。推理小説や音楽、自然科学一般にも関心がある。たとえ話は自分ではうまいと思っているが、周りはかえって分からなくなると言っている。

②佐藤育子(母)小学校の先生。鈴木学の妹。結婚して姓が佐藤となる。ファイト溢れる先生だが、算数の授業で生徒からの素朴な疑問にどう答えたらよいのか、また算数と数学との違いや、つながりを詳しく知りたいと思っている。生徒たちを逞しく育てようと日々努力をしている。娘の通子にはできれば理系に行ってほしいと密かに願っている。

③鈴木直子(姉)高校卒業後ペット関係の専門学校に進んだが、祖父の死に立会い、進路を変更して看護系の専門学校入学を目指し数学も含め勉強中。人の病気を少しでも直す手助けをしたいと考えている。

④鈴木秀夫(弟)高校3年で、理系クラスに在籍。大学ではAIを学びたいと思っている。数学の成績は優秀で読書が趣味である。

⑤佐藤剛（兄）高校時代は野球部に所属。高校卒業後体育関係の専門学校に入るも途中で職業について考え直す。体力と知力を合わせて生かし消防士を目指すことにした。現在公務員試験の勉強をしている。体の剛健さに自信を持っている。

⑥佐藤通子（妹）おっとりとした普通の中学3年生。算数はできたが数学は今一つ。吹奏楽部に所属。

⑴　比べる事の難しさ

父　「比べる事の難しさの例として『飛行機と自動車のどちらが安全か』と言う問題がある。正確には死亡率の比較だ。自動車どうしならば簡単だが、性質が異なるものだからどう比べるのかが問題になる。剛君どうすればいい」

兄　「乗っている時間か距離を同じにして比べればいいんじゃないの」

父　「そうだね。交通機関の場合は『延べ移動距離×人数』で比べるのが一般的だ。例えば10人がバスで5キロメートル移動した場合は10×5=50人キロだ。1億人キロを単位にするとある年日本では自動車での死亡率0.42人／億人キロだった。飛行機は0.01人／億人キロ。これから飛行機の方が自動車より40倍安全と言えるだろうか」

弟　「飛行機は1回の移動距離が自動車より長いからこの比べ方では有利だね。何人が何回乗ったかで比べればどうなるのだろう」

父　「そうだね。『人×回数』と言う単位つまり5人が10回乗ったとすると5×10=50人回だ。これを単位に比べると、自動車は6.3人／億回で、飛行機は10人／億回となり、飛行機の方が死亡率が高くなる。何を基準にして比べているのかにも注意が必要だね」

⑵　比で比べる事と差で比べる事

父　「もっと身近な問題に目を向けよう。電気製品を扱う量販店では特に値段に敏感だ。例えばE店では2万円の商品を1万8千円で売っていた。一方F店では5万円の商品を4万7千円で売っていた。差で比べるとE店は2千円引き、F店は3千円引きだから、F店の方が安く売っていると単純には言えない。元が同じ値段の商品の割引ならば差で比べる事ができるが、元の値段が違う場合は割合（比）を使って比べる事になる。割合は割合$=\dfrac{\text{比べられる量}}{\text{元になる量}}$である。これで比べると、E店は$\dfrac{18000}{20000}=0.9$，つまり1割引き、F店は$\dfrac{47000}{50000}=0.94$，つまり6分引きでE店の方が割引率は高い。最近、『割合が分からない大学生』という言葉を聞く。2つの量のどっちが、元になる量、比べられる量かがわからないらしい。コツは『AはBの何%か』とあればAが比べられる量、Bが元になる量で、式に直す時『は』は『=』、『の』は『×』として分からない値はxとすればいい」

母「よく宝くじを買うけど、1等が何本も出たと言われている売り場は、行ってみると窓口がたくさんあってね。何本も出るのは当たり前ね」

弟「ある大手の予備校は東大合格者の約700人はうちの予備校だと宣伝している。ちょっとだけ籍を置いたり、成績優秀者を囲い込んだりして数を稼いでるとのうわさもある。東大の入学定員は約3000人だから、約23%かな。でも合格率の比較、つまり3000÷(全受験者数)と700÷(その予備校の全受験者数)との比率を比べる事も必要だね」

妹「今までの話だと比で比べるだけでいいみたい。でもこの間お母さんが『味噌汁がしょっぱい』と言って、お湯を足して全部飲んでいたわ。塩分の濃度は低くなったけど取った量は同じだよね」

母「そうか。よく見ていたわね。通子は理系のセンスがあるみたい」

(3) みはじ(はじき)問題について

父「さっきの割合$=\dfrac{\text{比べられる量}}{\text{元になる量}}$の関係は比べられる量(く)、元にする量(も)、割合(わ)から、『くもわ』の公式といってそれは次の形だ$\dfrac{\text{く}}{\text{も}\,|\,\text{わ}}$だ」

姉「それって『み(道のり)は(速さ)じ(時間)』と同じね。$\dfrac{\text{み}}{\text{は}\,|\,\text{じ}}$ と覚えれば、「み=は×じ」「は=み÷じ」「じ=み÷は」と3つの式が出て来るのよね」

父「『みはじ』は、『はじき』とも言ったりする。それは速さ(は)、時間(じ)、距離(き)の略だ。ただ細かいことを言うと距離とは2点間の最短距離、つまり直線距離で、道のりは2点間の曲がっていてもいい、道にそった長さになる。ついでに高校の物理で学ぶが速度は向きと速さの2つを持った量だ。中学3年の理科にもまた速さ、時間、距離の問題が出て来る」

弟「光の速さはアインシュタインの質量とエネルギーが等価であることを示す有名な式$E=mc^2$にも出て来る。Eはエネルギー、mは質量、cは光の速さ(秒速30万㎞)で、この式ではその2乗。質量が膨大なエネルギーになる事を示す式で、1g(1円玉の重さ)がエネルギーに完全に変われば90兆ジュール、それは長崎原爆のエネルギーと同じくらいだと聞いたことがある」

父「『みはじ』の形をした関係式は中学の理科で色々出て来る。順に密度$=\dfrac{\text{質量}}{\text{体積}}$、質量濃度$=\dfrac{\text{溶質の質量}}{\text{溶液の質量}}$、圧力$=\dfrac{\text{押す力}}{\text{面積}}$、抵抗$=\dfrac{\text{電圧}}{\text{電流}}$、仕事率$=\dfrac{\text{仕事}}{\text{時間}}$だ。『みはじ』

の形から3つの式を出せる様に密度や濃度などの関係式からも3つずつ覚えさせるのは苦労するはずだ」

姉　「お父さん、もったいぶらずにどうすればいいの。濃度は入試によく出て来るわ」

(4)外延量（がいえんりょう）、内包量（ないほうりょう）と逆速度、逆打率

父　「そうだね。これは本質的な問題なので、掘り下げて考るよ。直子、5% の食塩水と 10% の食塩水を混ぜたら、15% の食塩水になるかい」

姉　「ならないよ」

父　「そうだね。お湯だって 30°のお湯と 40°のお湯を足して 70°にはならない。濃度や温度は内包量。水の重さや熱量（質量×比熱×温度差）は外延量と言って、足し算が出来る。この2つの量について表にして比べてみよう」

	外延量	内包量
概　要	ものの大きさや広がりを示し合併できる量。初めから存在する。	広がりを持たず強度（性質）を区別するための量。$\frac{外延量}{外延量}$として人工的に定義される。
例	長さ、道のり、時間、面積、体積、重さ、熱量など	速さ、濃度、温度、圧力、密度など。速さの様に異なる外延量で割った場合と濃度の様に同じ外延量で割った2つの場合がある。
出来る演算、出来ない演算	足し算、引き算、掛け算（長さ×長さ=面積などの場合）、割り算ができる。	足し算、引き算は出来ない。速さ×時間=道のりの様に、定義に使った外延量との積は出来る。

兄　「僕は野球をやっていたからわかるけど、ホームランや打点は足し算ができ、減る事はないけど打率は調子によって上下すると言われていた。ホームランや打点は外延量で打率は$\frac{ヒット数}{打数}$だから内包量なんだ。打率や速さや濃度が同じ量の仲間だという見方は新鮮だ。でも内包量は人工的に作った量だから何も$\frac{ヒット数}{打数}$でなく、逆打率=$\frac{打数}{ヒット数}$と決めてもいいんだよね」

父　「その通り。打率2割と3割の差は 10 打数2安打か 10 打数3安打の違いで 10 打席でたった1本の差だ。逆打率で計算すると剛君どうなる」

兄　「打率2割は逆打率で、$\frac{10}{2}=5$、3割は逆打率で、$\frac{10}{3}\fallingdotseq 3.33$ だ。この逆打率はヒッ

ト1本を打つのに何打席必要かという値か。要するに5打席で1本か 3.3 打席で1本かの違いで、普通の打率より逆打率の方が2割と3割の違いがはっきりするような気がする」

姉　「とすると速さは『みはじ』でなくとも、逆速さ= $\frac{時間}{道のり}$、でもいいのね」

父　「そうだね。例えば陸上競技でサニブラウン選手が100メートル9秒97出したと言った時は、逆速さになっているね。分母の 100 mを一定にしたときの時間だからね。速さと逆速さは互いに逆数だから、速さが増すと逆速さは減るよね。要は内包量を決める時、2つの外延量のどちらを基準にした方がより一般的かを考える。その時基準にした外延量は分母にし、それが元になる量となる」

弟　「『みはじ』で3つの関係式を覚えるけど、出発点は『速さ= $\frac{道のり}{時間}$』なんだ。

1時間で何㎞進むかを比べるのが一般的で、陸上競技のように1㎞を何分で走るかは少数派だ」

父　「食塩水の濃度の定義は $\frac{食塩の重さ}{水の重さ}$ ではなく $\frac{食塩の重さ}{水の重さ+食塩の重さ}$ で食塩の重さが

分母分子に出て来る事が問題を難しくしているね」

姉　「結局同じ構造の関係式をどう覚えればいいの」

父　「覚える公式は速さ= $\frac{道のり}{時間}$ だけで十分だ。ではあと2つの公式はどうするか。

せっかく中学1年で x を学んだから速さと時間から道のりを求める時は、『2,3,6 の数学』を使う。今の場合 $2=\frac{x}{3}$ とすると $x=2\times3$ から道のり = 速さ×時間だ。時間を求める時は $2=\frac{6}{x}$ とすると $x=6\div2$ から時間=道のり÷速さ　とすればいい。公式を忘れたからすぐにあきらめる必要はないんだ。だいたい実体験の少ない小学生が『みはじ』を使うのはいいとして、自転車に乗る事の多い中高生は、具体例を自分で作って自然に出て来るようにするのが理想だね。例えば自転車の時速20㎞で3時間進んだ時の道のりは 20 ×3=60㎞。のように」

(5)　ペンキぬりの問題

父　「小学校6年の教科書にこんな問題がある。『$\frac{3}{4}$ dl のペンキで板を $\frac{2}{5}$ m^2 ぬれました。このペンキ1dl では、板を何 m^2 ぬれますか。また板1m^2 ぬるのにペンキは何 dl 必要ですか』この問題を通して、$A\div B$ の値は A，B が分数であっても $B=1$ の時の A の値である事と、分数の割り算は結局さかさまにしてかければいいことを理解させようとしている。教科書ではこの問題の前に例の『みはじ』問題があり、速さと道のりの表もある」

弟　「その問題を教わったときすぐにはぴんとこなかった。『$2dl$ のペンキで板を$6m^2$ぬりました。この時$1dl$ では、板を何 m^2ぬれますか』は6÷2=3で$3m^2$とわかる。でも分数であってもとにかく割り算$A \div B$の値は$B=1$の時のAの値であるという事にギャプを感じた」

妹　「2つの問の答えはこれでいいの。ペンキ$1dl$ でぬれる板を求める時は$\frac{2}{5} \div \frac{3}{4} = \frac{2}{5} \times \frac{4}{3} = \frac{8}{15}\, m^2$。板$1\,m^2$ぬるのに必要なペンキは$\frac{3}{4} \div \frac{2}{5} = \frac{3}{4} \times \frac{5}{2} = \frac{15}{8}\, dl$なのね。答えは出るけどぴんとこないね。ペンキと板なんて実感がわかないものね」

母　「私もいつもそこで苦労してるの。兄さん何とかならない」

父　「分数の割り算については２Ｃ２で取り上げる。ただそこでは$A \div B$の値は分数であっても$B=1$の時のAの値である事を使って説明している。せっかく速さ=$\frac{\text{道のり}}{\text{時間}}$を覚えたのだから次の様な表にしてはどうかな。臨場感を持たせるために生徒の歩く時速を$\frac{5}{2}$㎞としておこう。一定の速さ（平均速度）で歩いた時の道のりと時間の表で①と②を埋めるにはどうすればよいか。

道のり（㎞）	1	②	$\frac{10}{3}$	5
時間（時間）	①	1	$\frac{4}{3}$	2

まず時速は$5 \div 2 = \frac{5}{2}$でこれは1時間に進む道のりだから②は$\frac{5}{2}$となる。ついでに$\frac{10}{3} \div \frac{4}{3} = \frac{5}{2}$で、これでも②は求められる。これは$\frac{4}{3}$で割ることによっても、1時間に進む道のりが求められたことになる。①は1㎞にかかる時間である。5㎞で2時間かかるわけだから、1㎞では$2 \div 5 = \frac{2}{5}$時間となる。これは$\frac{4}{3} \div \frac{10}{3} = \frac{2}{5}$としても求められる。$\frac{10}{3}$で割る事によっても1㎞にかかる時間が求められた。こんな感じで表を意識させ、割る事の意味を考えさせてはどうだろう」

母　「表があって何から何を求めるかが分かるけど、多くの生徒は『みはじ』の所であっぷあっぷしてるから。速さ（内包量）が一定であればどんな場合でも$\frac{\text{道のり}}{\text{時間}}$の値は同じなのは『ペンキぬり』よりは現実味はあるし、次につながるけどね」

⑹　簡単な確率の話

父　「確率は比の値とはちょっと違うが、天気予報や大学の合格可能性など日常生活にも出て来るし、さっき話題にした野球の打率も確率なので取り上げる。確率も

$\frac{対象としている場合の数}{全体の場合の数}$と考えれば内包量だ」

姉　「『模試で希望する専門学校の合格率が20%～40%だ』と判定されたけど、受験して、合格か不合格しかないから合格確率が20%～40%の意味がわからない」

兄　「天気予報である時間帯の降水確率60%と言ったりするけど、それはその時間帯の60%で雨が降るのか、それともその地域の60%で雨がふるのか。そのあたりを教えてください」

父　「具体的な話題の前に確率の定義をするよ。確率は2種類あって、それは『数学的確率（組み合わせ論的確率）』と『統計的確率（経験的確率）』だ」

姉　「1種類じゃないの。その違いは何？」

父　「普通教科書で扱うのは『数学的確率』だ。例で簡単に説明すると、100円硬貨が1枚あった時、表が出るのと裏が出る事は『同程度に確からしい』とすると表が出る確率は$\frac{1}{2}$とする」

姉　「当たり前すぎるね。『同程度に確からしい』とするとなんてわざとらしいね」

父　「それを大前提にしていて、全てはここから始まっているんだ。一方の『統計的確率』は100円硬貨1枚を100回投げたときに、表が出る確率は$\frac{50}{100}=\frac{1}{2}$に近づくだろう。回数を多くすればそれは一定の値に近づき、それが$\frac{1}{2}$になる。これは「大数の法則」から来ている。2つの確率は結果的には同じだが、元の考え方は違う」

姉　「違いはなんとなくわかったけどぴんとこないわね」

父　「例えば100円硬貨を3回投げたときに、3回とも裏が出た。4回目は表が出る確率は高くなるか？」

姉　「高くなりそうね。結果的に確率は$\frac{1}{2}$なんだから」

父　「硬貨には記憶力はないから、4回目の表が出る確率は$\frac{1}{2}$だね。『統計的確率』は回数が相当多い時にしか成り立たないんだ。1回、1回は『数学的確率』だからね」

兄　「さっきの降水確率や合格率はどうなるのですか」

父　「まず『降水』とは1ミリ以上の雨が降る事で、『降水確率60%』は統計的確率だから、『今までの経験から、その地域その時間帯において100回につき60回は1ミリ以上の雨が降るだろう』ということ。『合格率が20%～40%』も『その人が100回受験したら、20回～40回は合格するだろう』かまたは『その人と同程度の学力の人が100人いたら、20人～40人は合格するだろう』ということだね。100回受験なんて現実離れしているが、我々は不確かな状況を数字で表現する方法として今のところこれしかないんだよ」

母　「私の夫は『喫煙はガンになる確率が4倍になる』と言われても、吸っていてならない人もいるし、吸わないのになる人もいると開き直っているわ。全体として4倍かもしれないけど、個人とは別問題だと思っているのね。友だちとよくマージャンしながら吸うけどどう説得すればいいの」

父　「こう言ってやったら。『マージャンをする時、確率を意識するはず。良い手となる確率が高い方を選んで結果的に上手くいかなくともそれなりに納得するだろう。それと同じでタバコをやめてガンになったとしても運命として納得するだろう。でも良い手になる確率が低い方を選んで予想通り失敗したら後悔するだろうと』」

母　「わかったわ。二人の子供もまだまだ学費がかかるし。夫にも長く頑張ってもらわないとね」

E1 補足コラム

現在から過去(原因)を考える確率

2章Aで確率は2種類あると述べたが、実はもう1種類あり、それは原因確率(条件付確率の応用)とも言われる。ただこの確率は、数学的確率、統計的確率が現在から未来を予測するのに対して、過去が対象で、既に事は決しているが知識の不足から不確実となる。その知識は個々によって違う場合もある。そのため主観確率とも言われ、数学の歴史において初めは重要視されなかった。しかしネットの普及などでその重要性が高まっている。2D1の「乳がん再検査の内訳」も原因確率の例である。

次の有名大学の入試問題も原因確率の例である。

問　ジョーカーを除いたトランプ52枚から1枚のカードを抜き出し、表を見ないで箱の中にしまった。次に残りのカードから3枚を抜き出した所、3枚ともダイヤであった。この時箱の中のカードがダイヤである確率を求めよ」

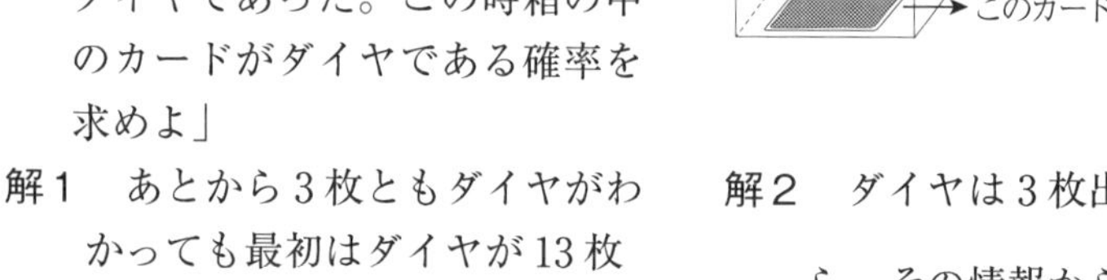

解1　あとから3枚ともダイヤがわかっても最初はダイヤが13枚あったんだから$\frac{13}{52}=\frac{1}{4}$

解2　ダイヤは3枚出ているのだから、その情報から$\frac{13-3}{52-3}=\frac{10}{49}$

正解は解2の$\frac{10}{49}$である。カード3枚の情報を知っているかどうかで原因確率は違ってくる。原因が結果に影響を与える様に、結果も時間的に先行する原因に影響を与えることになる。ピントこない時はサイズを小さくして考えよう。ここに3本のくじがあって1本が当たりで、くじは引いたら元にもどさない。1番目に引いたくじは、見ないでそのままにしておく。2番目に引いたくじは当たりだった。この時1番目のくじの当たる確率は$\frac{1}{3}$か0か。

2B 1

$\frac{2}{3}$, $\frac{3}{4}$, $\frac{4}{5}$の大小はすぐにわかる

B子さんは$\frac{2}{3}$，$\frac{3}{4}$，$\frac{4}{5}$の大小を通分して求めようとしていた。しかし野球好きのA君は野球選手の打率を考えれば計算しなくとも大小はすぐにわかると言った。A君はどう考えたのだろう。

解答

まず通分すると　$\frac{40}{60}, \frac{45}{60}, \frac{48}{60}$となり、$\frac{2}{3} < \frac{3}{4} < \frac{4}{5}$となる。

この場合逆に１との差を考えて　$1 - \frac{2}{3} = \frac{1}{3}$, $1 - \frac{3}{4} = \frac{1}{4}$, $1 - \frac{4}{5} = \frac{1}{5}$で$\frac{1}{3} > \frac{1}{4} > \frac{1}{5}$より$\frac{2}{3} < \frac{3}{4} < \frac{4}{5}$となる。

しかしＡ君はこう考えた。ある野球選手の今日の３打席までの打率は３打数２安打だから$\frac{2}{3}$、この選手は４打席目にヒットを打ったから打率は$\frac{2+1}{3+1} = \frac{3}{4}$これで打率は$\frac{2}{3}$より上がるから$\frac{2}{3} < \frac{3}{4}$。この選手は５打席目もヒットを打ったから打率は$\frac{3+1}{4+1} = \frac{4}{5}$で、打率は$\frac{3}{4}$より上がるから$\frac{3}{4} < \frac{4}{5}$。よって$\frac{2}{3} < \frac{3}{4} < \frac{4}{5}$。

解説

感覚的に言えば今2000円持っている人と3000円持っている人がともに1000円もらったとする。この時1000円はどちらの人により影響を及ぼすかといえば、2000円持っている人の方だろう。それと同じである。

もっと数を複雑にして、$\frac{12345}{54321}$と$\frac{12346}{54322}$の大小はどうだろう。数にだまされず

構造を意識すれば、上と同様である。$\frac{12346}{54322} = \frac{12345+1}{54321+1}$より$\frac{12345}{54321} < \frac{12346}{54322}$

である。

一般にa,bを正の整数とするとき、$a < b$ならば　$\frac{a}{b} < \frac{a+1}{b+1}$である。

もっと一般にa,bを同じ条件としてnを正の整数とするとき、$\frac{a}{b} < \frac{a+n}{b+n}$となる。

証明として、$\frac{a+n}{b+n} - \frac{a}{b} = \frac{b(a+n)}{b(b+n)} - \frac{a(b+n)}{b(b+n)} = \frac{ba+bn-ab-an}{b(b+n)} = \frac{n(b-a)}{b(b+n)} > 0$　なぜなら$b-a > 0, n > 0, b > 0$だから。

よって$\frac{a}{b} < \frac{a+n}{b+n}$である。（ここで$A - B > 0$ならば$A > B$を用いている）

2 B2

水が氷になるときの増加比と氷が水になるときの減少比

水が氷になるときにその体積は$\frac{1}{11}$増える。では氷が水になるときにその体積はいくら減るだろうか。$\frac{1}{11}$ではない。ヒントとすれば変化する量は同じだが「元にする量」と「比べられる量」が入れ替わることに注意しよう。

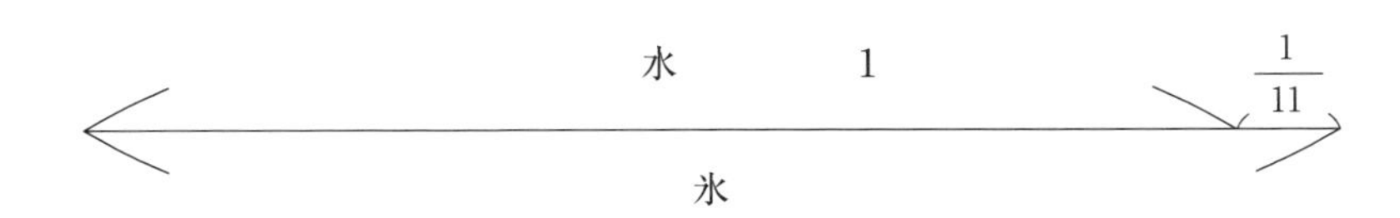

解答

水が氷になるとき、「元にする量」は水の体積であり、「比べられる量」は氷の体積である。氷から水になる時はそれが逆になる。割合の定義は

割合$=\dfrac{\text{比べられる量}}{\text{元にする量}}$である。すると下の線分図を見て分かるように、水が氷になる時は$\frac{11}{11}$から$\frac{1}{11}$増えて、$\frac{12}{11}$になる。

氷から水になる時は$\frac{12}{12}$から$\frac{1}{12}$減って$\frac{11}{12}$となる。減ったり、増えたりする量は変わらないが、「元にする量」が少し増えた分、$\frac{1}{11}$から、$\frac{1}{12}$にすこし減るのだ。

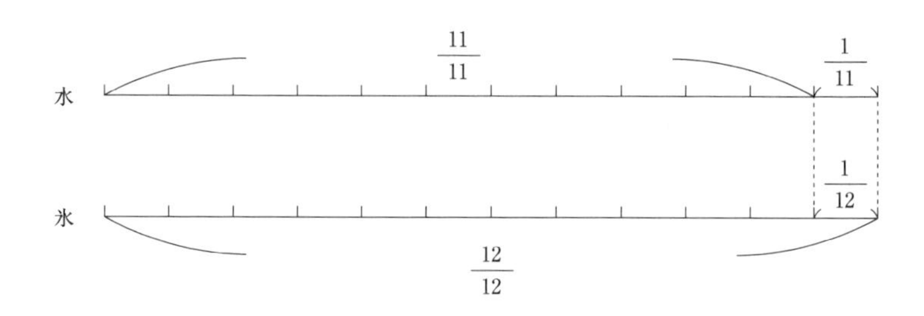

解説

これに類する問題として次のような問題が看護系専門学校入試や高卒対象の就職試験に出題される。

問　原価1500円の商品に2割の利益を見込んで定価をつけた。しかし売れなかったので定価の2割引きの値段で売った。この時売値（うりね）はいくらか。いま消費税は考えない。

解　単純に2割増しから2割引きになったので1500円と答える人がいるが、同じ2割でも元にする量が違うので、それは間違いである。

まず定価は　1500×(1+0.2)=1800円である。売値は定価の2割引きであるから1800×(1－0.2)=1440円である。元にする量が増えた分、その2割も大きくなり、結局売値は原価よりも安くなる。

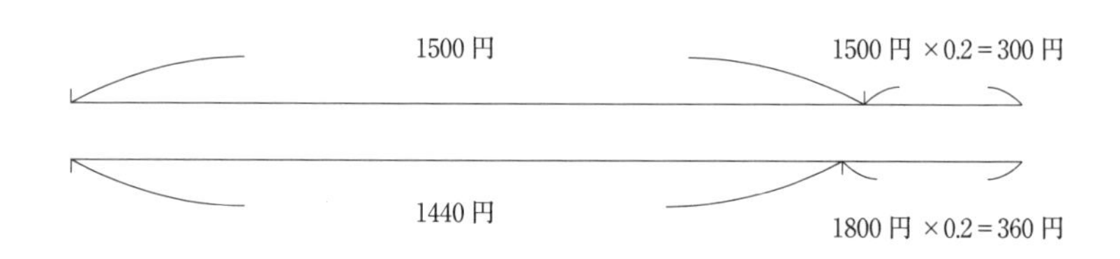

2 B3

異なる濃度の食塩水を混ぜた時の濃度をすぐに出す

濃度5%の食塩水200gと濃度10%の食塩水300gを混ぜたら何%の食塩水になるか。食塩水の問題は看護系の頻出(ひんしゅつ)問題で、違う濃度の食塩水を混ぜるパターンと食塩あるいは水の量が増えたり減ったりするパターンがある。どちらも食塩の量に着目する。

これは混ぜるパターンで、まず食塩そのものの量は、$200\times\frac{5}{100}+300\times\frac{10}{100}=40$

食塩水(水+食塩)の量は$200+300=500$ 求める濃度は$\frac{40}{500}=0.08$より8%となる。

しかしもっと簡単な方法がある。こんな時、まず問題を少し簡単にして本質をつかむ事と図を描くことが大切だ。

濃度5%の食塩水200gと濃度10%の食塩水200gを混ぜたら何%の食塩水になるか。

この時食塩水の重さは同じだから、濃度は5%と10%のちょうど真ん中の7.5%になる。すると食塩水の重さが違う場合でも、5%と10%の間のどこかにあり、重さをどう反映させればいいのかを考えればよい。線分図を描くと次の様になる。

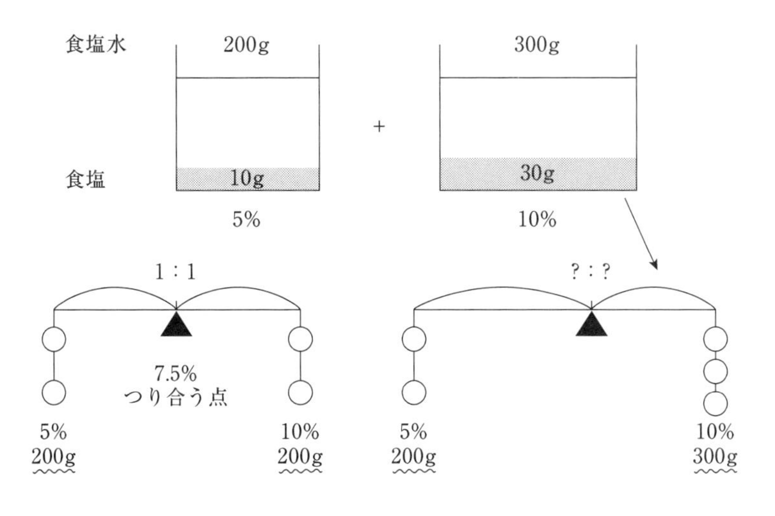

解答

線分図を見ながら解くと、5% が 200g、10% が 300g だから、食塩水の重さの比は 200 : 300= 2 : 3である。10% の方に3個のおもりが、5% の方に2個のおもりがついていて、釣り合う点は当然3個のおもりの方に近く、正確には差 10 −5= 5を逆比3 : 2に分ける点、つまり8% になる。綱引きをイメージして 10% の方を3人が引っ張り、5% の方を2人が引っ張ると8% で釣り合うでもよい。物理で言うと、これはモーメント（支点からの距離と重さとの積）を使って考えていることになる。

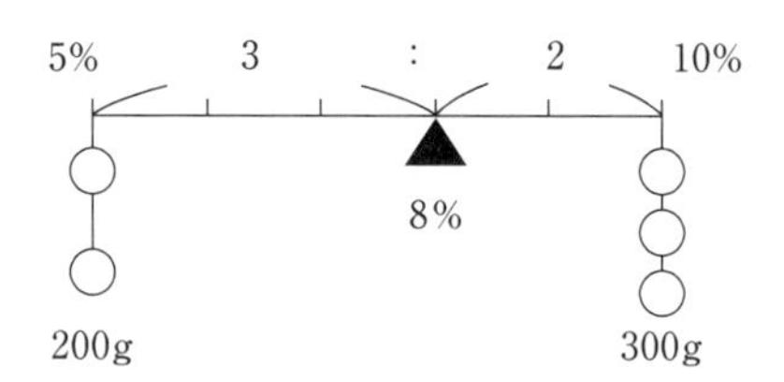

解説

例えば次のような問題にも重み付きの平均の考え方が使える。

問　今 1 学年 500 人の高校生がいて、そのうち 300 人が男で 200 人が女である。男の身長の平均は 170cm、女の身長の平均は 165cm とする。このとき1学年全体の身長の平均はいくらか。

これもまず線分図を描いてみる。結局 165cm と 170cm を逆比3:2に分ければよい。

すると全体の平均は 168cm になる。

三角形の重心の位置についてもこの逆比の考え方が使える。重心とはつり合う点、三角形をその1点で支える事ができる点だ。右の図の様に、頂点 A と底辺 BC の中点 D とを結ぶ。すると重心 G の位置は、どんな三角形でも AD を2 : 1に分けた点となる。この証明は3中線の交点が重心 G である事を用いて証明できるが、右の図で A,B,C に同じ重さのおもりがありB,C のおもりは D に2個移動したと考える。するとつり合いを考えると AG : GD= 2 : 1が自然に出て来る。

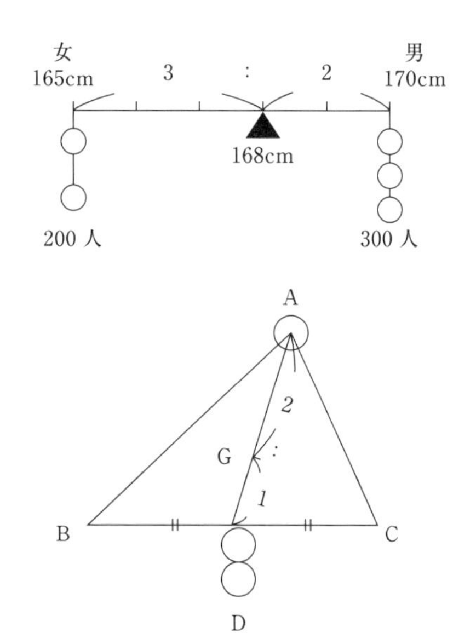

E2 補足コラム

ガンジス川の砂

「趣旨と構成」で紹介した塵劫記(1627年刊行)には数の単位が色々紹介されている。1より大きい数の1部を指数を使って表すと以下のようになる。

一 1、十 10^{1}、百 10^{2}、千 10^{3}、万 10^{4}、億 10^{8}、兆 10^{12}、京 10^{16}、垓 10^{20}、秭 10^{24}、穣 10^{28}、… 恒河沙 10^{52}、… 無量大数 10^{68}

ここで「恒河沙」とはガンジス川の砂の数で、ガンジス川の砂の数のようにとてつもなくたくさんあるという事だ。これらは仏典からきている。

以下の話は筆者がガンジス川の砂を求めに行った時の旅の記録である。行き先はヒンズー教の聖地ヴァラナシ(旧ベナレス)である。ヒンズー教と日本は関係がなさそうだが、七福神の大黒天、毘沙門天、弁財天はヒンズー教の神からきている。ヴァラナシが聖地になった理由はガンジス川の流れにある。ガンジス川はヒマラヤ山脈から流れ出て、西から東に流れ、バングラディシュでベンガル湾に注ぐ。ところがヴァラナシの所だけは南から北に流れる。この事は旅の前から知っていた。行ってみるとヴァラナシの街はガンジス川の左岸にあった。左岸とは川の流れに沿って左側で、電車に乗っていて開く扉は左側と言われるのと同じだ。

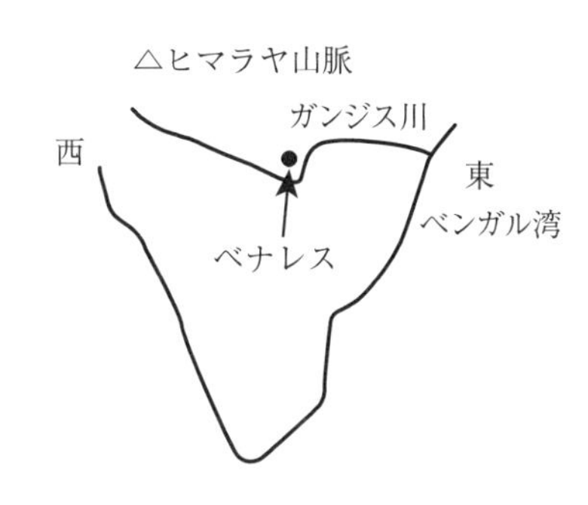

夢にまで見たガンジス川の砂を取ろうとしたが、川岸は観光施設などが立ち並び、川につながるガート(沐浴場)もコンクリートで固められている。しかたなく小銭を払い小舟で対岸の砂地まで行き採取した。川は濁ってはいるが想像よりもきれいだった。次の日、早朝のガンジス川に行ってみた。沐浴するたくさん人々が川に入っていた。沐浴することで今までの罪が浄められる。そして祈りの先には日の出の太陽があった。聖地になった理由は東から登る太陽なのだ。本やネットで得た知識だけではなく足を運んで体験する事の重要性を再認識したのだった。

2 C1

分数と小数の存在と0.999…＝1なのか

半端な数を表す方法として分数と小数がある。2つが存在するのは、それぞれの良さと弱点があるからである。下の表にまとめてみる。

	分　数	小　数
取扱いの際の正確さ	正確　例　$\frac{1}{3}\times 3=1$ 例　$\frac{1}{3}+\frac{1}{2}=\frac{5}{6}$	やや不正確　例　$\frac{1}{3}=0.33\cdots$ より$0.33\cdots\times 3=0.99\cdots$ 例　$0.33\cdots+0.5=0.833\cdots$
大小の把握	やや難　例　$\frac{5}{8}, \frac{2}{3}$の大小は 通分して　$\frac{15}{24}, \frac{16}{24}$より$\frac{5}{8}<\frac{2}{3}$	易　例　$0.625<0.666\cdots$
計算の手間	難　例　$\frac{3}{8}+\frac{1}{5}$は通分する 必要がある。$\frac{15}{40}+\frac{8}{40}=\frac{23}{40}$	易　$0.375+0.2=0.575$　小数点の位置に注意すれば整数と同様に計算できる
主な使用分野	正確さから数学	実用性から物理、化学、工学など
起　源	紀元前2000年	16世紀

ところで$\frac{1}{3}=0.333\cdots$の両辺に3をかけると$1=0.999\cdots$となるがこの式は正しいのか。0.999…と無限に続いていても1よりは小さいのではないか。今$x=0.999\cdots$とする。この両辺を10倍して元を引いてみる。つまり

$$
\begin{aligned}
10x &= 9.999\cdots \\
-\ x &= 0.999\cdots \\
\hline
9x &= 9
\end{aligned}
$$

よって$x=1$これで$1=0.999\cdots$となる。ただしこの方法は収束しない場合は使えない。例として$S=1+2+2^2+\cdots=\infty$（無限大）で$2S-S=-1$より$S=-1$ではない。結論から言うと、数学では$0.999\cdots=1$を公理（証明する必要がない大前提）としている。それは実数（有理数と無理数を合わせた数）の稠密性（ちゅうみつせい）（数が隙間なく詰まっている）を前提にしないと中間値の定理（数Ⅲ）などが成り立たないからである。もし0.999…と1との間に隙間があると実数が連続ではなくなるのである。

2 C2

分数で割る時になぜ分母分子を逆にしてかけるのか

このテーマはこの本の売りなので、紙面を増やして説明する。最初は分数の２つの使い方と２種類の割り算について述べる。そのあと分数で割る時になぜ分母分子を逆にしてかけるかの色々な解答をオリジナルも含め紹介する。

まず分数の使い方は２つある。１つは「量分数」で例えば水$\frac{1}{2}\ell$という使い方で単位が付く。もう１つは「割合分数」で例えば壁の面積の$\frac{1}{2}$といった使い方で、単位が付かず、全体を１と暗に決めている。

割り算$6\div2=3$にも２つの意味がある。１つは「包含除（ほうがんじょ）」で６個のお菓子を２個ずつに分けると３人分になる。または６メートルのテープの中に２メートルのテープが３個含まれている。単位に着目すると同じ単位、個÷個やメートル÷メートルである。もう１つは「等分除（とうぶんじょ）」で６個のお菓子を２人で同じ数だけ分けると１人分は３個である。単位に着目すると個÷人で単位が違い、結局１人分の個数が求められる。この等分除の考え方は速度などの内包量（ないほうりょう）に発展していく。例えば時速とは距離÷時間で１時間あたりに平均して進む距離である。内包量については２章Ａに説明がある。

さてアニメの『おもひでぽろぽろ』では主人公の小学生妙子（たえこ）とその姉の会話に分数の割り算の話が出て来る。妙子は$\frac{2}{3}\div\frac{1}{4}$の意味が分からないから姉に尋ねる。姉は「ひっくり返してかければいいだけ。そう覚えればいいの」と言う。妙子は「$\frac{2}{3}$個のリンゴを$\frac{1}{4}$で割るなんて、どういうことか全然想像できない」と泣きながらつぶやく。どう想像させ理解させればよいのか。これは本質的な問題だ。

ここで$\frac{1}{4}$は分子が１の単位分数なのでもっと一般的な割り算$\frac{2}{5}\div\frac{3}{4}$で、教科書や指導書(先生のための指導方法が載っている本）にある説明をまず載せる。答は$\frac{2}{5}\div\frac{3}{4}=\frac{2}{5}\times\frac{4}{3}=\frac{8}{15}$だがなぜ割り算の時、$\frac{3}{4}$の分母分子を逆にしてかければいいのか。

①縦横の図を用いて細かく分けて考える方法(教科書の説明)

下の図から$\frac{2}{5}\div\frac{3}{4}$の値はまず$\frac{1}{5}$と$\frac{1}{4}$と$\frac{1}{20}$からを作り、これを１つの単位と

考える。

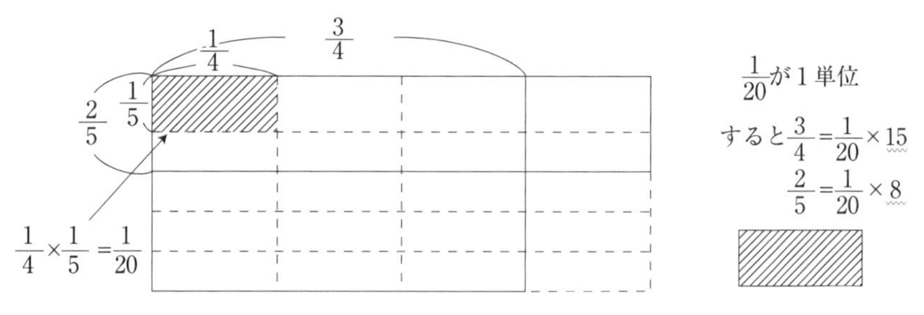

すると$\frac{2}{5}=\frac{2\times 4}{5\times 4}=\frac{8}{20}$より$\frac{2}{5}$は$\frac{1}{20}$が８個ある。$\frac{3}{4}=\frac{3\times 5}{4\times 5}=\frac{15}{20}$より$\frac{3}{4}$は$\frac{1}{20}$が15個ある。よって$\frac{2}{5}\div\frac{3}{4}$の値は$8\div 15=\frac{8}{15}$となるが、これは$\frac{2\times 4}{3\times 5}=\frac{2\times 4}{5\times 3}=\frac{2}{5}\times\frac{4}{3}$と表すことができて結局は$\div\frac{3}{4}$は$\times\frac{4}{3}$となっている。

②割られる分数、割る分数両方に割る分数の分母をかける（整数で割る場合、その逆数をかけることは既知としている）（指導書にある説明）

$$\frac{2}{5}\div\frac{3}{4}=\left(\frac{2}{5}\times 4\right)\div\left(\frac{3}{4}\times 4\right)=\frac{2\times 4}{5}\div 3=\frac{2\times 4}{5}\times\frac{1}{3}=\frac{2}{5}\times\frac{4}{3}$$

③ $A\div B=\frac{A}{B}$でA,Bはそれぞれ分数でもよいとする。大きく見ると$\frac{2}{5}$が分子、$\frac{3}{4}$が分母で、この分母、分子に5×4をかけて大きな分子、分母の両方の分母を１にする。（分数の中にまた分数がある分数を繁分数（はんぶんすう）という。繁（はん）の訓読み（くんよ）は繁（しげ）る）

$$\frac{2}{5}\div\frac{3}{4}=\frac{\frac{2}{5}}{\frac{3}{4}}=\frac{\frac{2}{5}\times 5\times 4}{\frac{3}{4}\times 5\times 4}=\frac{2\times 4}{3\times 5}=\frac{2}{5}\times\frac{4}{3}$$

ここまでは、教科書などの説明で「理くつの世界」「表舞台」での話だ。『おもひでぽろぽろ』の妙子ちゃんが「$\frac{2}{3}$個のリンゴを$\frac{1}{4}$で割るなんて、どういうことか全然想像できない」と言っているように、欲しいのは「簡単に理解でき、本質とも結びつくイメージ図」だ。ちなみにこの問題は小学校６年で出て来る。

この説明を包含除でやるならば、「$\frac{2}{3}$メートルのテープの中に$\frac{1}{4}$メートルのテープは何個含まれるでしょう」となるが、長方形の図を描いて$\frac{2}{3}\div\frac{1}{4}=\frac{8}{3}=2\frac{2}{3}$より、$2\frac{2}{3}$個としてもピンとこないであろう。$\frac{2}{3}$メートルの中に４メートルのテープは$\frac{2}{3}\div 4=\frac{1}{6}$個あるとしたら、もっと分からない。

この問題は発展性のある「等分除」の考え方でうまくイメージさせるべきで

あろう。

④兄弟思いで思春期(大人に早くなりたがっていて主張の強い)のプラナリアを用いた方法

ここで人ではなく「プラナリア」を持ってくる。プラナリアは扁形(へんけい)動物で海、川や湿気の多い陸上にも生息する。プラナリアは体長1.5cmほどで、その語源は「平らな面」の plane である。この動物の特徴は著しい再生能力でトカゲのシッポの比ではない。例えば4つに切ると(皮1枚でつながっていても)1週間ほどで4匹になってしまう。プラナリアのエサは糸ミミズなどだが、ここでは丸いポテトチップスとする。プラナリアを皮1枚の4つに切るのは残酷な気もするが、それで死ぬわけでなく、逆に4つに増える。岩波書店が小学生向けに出している「科学であそぼうシリーズ」の中に『切っても切ってもプラナリア』という本がある。その中にはさがし方、実際の切り方、再生の観察、再生のルールのヒントが載っている。再生には方向性(極性)があり、その原因は現在でも謎である。

ここで等分除の確認をすると $A \div B$ の値は $B=1$ とした時の A の値である。A, B が分数でもこの意味に変わりはない。例えば $\frac{1}{2}$ 時間で10km進んだ時の $10 \div \frac{1}{2}$ の値は1時間で進んだ距離である。これを元に プラナリア基本ルール 、3パターンの説明 、具体例とそのイメージ図 を以下に示す。

プラナリア基本ルール

○÷△の値は○、△が整数でも分数でも、**△匹で○個のエサを貰(もら)った時の1匹分の個数(量)**である。次にこれを使った3パターンについて説明する。

○÷△におけるプラナリア3パターンの説明

パターン1　○と△が整数(A)の場合　○÷Aの値はA匹で○個エサを貰った時の1匹分の個数だから○×$\frac{1}{A}$個

パターン2　△が分数$\left(\frac{1}{B}\right)$の場合　○÷$\frac{1}{B}$の値は$\frac{1}{B}$匹で○個のエサを貰った時の$1\left(=\frac{B}{B}\right)$匹分の個数だから　$1\left(=\frac{B}{B}\right)$匹分を出すために$B$をかける。
よって○÷$\frac{1}{B}$の値は結果的に○×$\frac{B}{1}$となる。

パターン3　△が分数$\left(\frac{A}{B}\right)$の場合　○÷$\frac{A}{B}$の値は$\frac{A}{B}$匹で○個のエサを貰っ

た時の1 $\left(=\frac{B}{B}\right)$ 匹分の個数だからまず $\frac{1}{B}$ 匹分の値を出すため

に A で割り、次に1 $\left(=\frac{B}{B}\right)$ 匹分を出すために B をかける。よっ

て○÷ $\frac{A}{B}$ の値は結果的に○× $\frac{B}{A}$ となる。

次に○、△に具体的な数字を入れて、イメージ図も含め表にしてみる。ここで思春期のプラナリアの兄弟は $\frac{1}{4}$ 匹どうしが皮1枚で4匹くっ付いていて元の1 $\left(=\frac{4}{4}\right)$ 匹となっている。

具体例とそのイメージ図

パターン、式	式の意味（プラナリアの主張）	イメージ図（分子がエサの量で、分母がもらうプラナリアの数）とその説明	答えのイメージ図 1匹のもらえる個数（量）	答
パターン1 1÷4	4匹で1個のエサでいいと我慢し、同じ量で分けた時の1匹分。	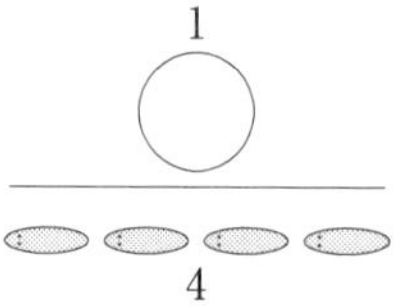 1 ― 4		$\frac{1}{4}$
パターン2 $1\div\frac{1}{4}$	$\frac{1}{4}$ 匹で1個のエサをくれ。そして兄弟みんな同じ量をくれと主張したときの $\frac{4}{4}$ 匹分。	$\frac{1}{4}$ 匹で1個だから $\frac{4}{4}$ 匹分は1×4個となる 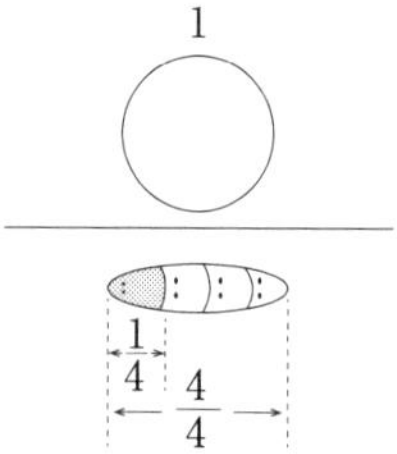 1 ― $\frac{1}{4}$ $\frac{4}{4}$	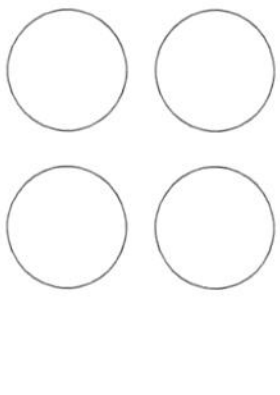	$1\times\frac{4}{1}=4$

パターン3 $1 \div \frac{3}{4}$	$\frac{3}{4}$匹で1個のエサをくれ。 そして兄弟みんな同じ量をくれと主張したときの$\frac{4}{4}$匹分。	まず1個を3等分すると$\frac{1}{3}$個でこれは$\frac{1}{4}$匹分だから$\frac{4}{4}$匹分は$\frac{1}{3}\times 4$個となる。 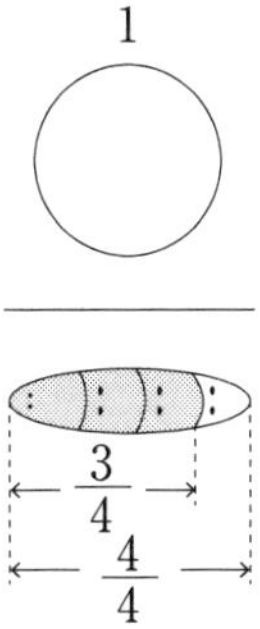	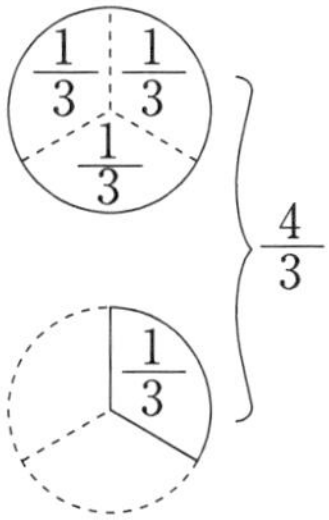	$1\times\frac{1}{3}\times 4$ $=\frac{4}{3}$
パターン3' $\frac{2}{5}\div\frac{3}{4}$	$\frac{3}{4}$匹で$\frac{2}{5}$個のエサをくれ。そして兄弟みんな同じ量をくれと主張したときの$\frac{4}{4}$匹分。	まず$\frac{2}{5}$個を3等分すると$\frac{2}{5}\times\frac{1}{3}=\frac{2}{15}$個でこれは$\frac{1}{4}$匹分だから$\frac{4}{4}$匹分は$\frac{2}{15}\times 4$個となる。 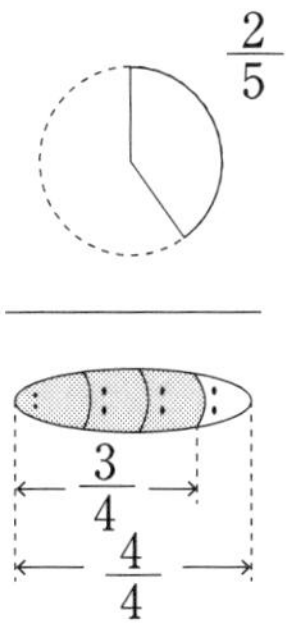	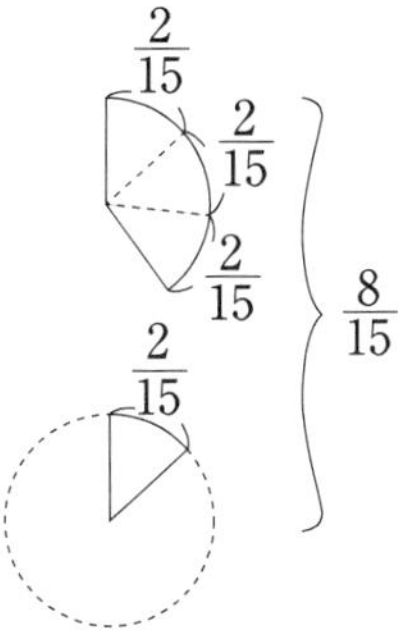	$\frac{2}{5}\times\frac{4}{3}=\frac{8}{15}$

※$1\div\frac{5}{4}$は$\frac{5}{4}$匹で1個のエサを貰(もら)った時の$\frac{4}{4}$匹分だから$1\times\frac{4}{5}=\frac{4}{5}$個となる。

2D 1

乳がん再検査の内訳

40歳代の女性が乳ガンにかかる確率は1％。乳ガンである人が乳ガンX線検査で陽性と判断される確率は90％。本当は乳ガンでないのに乳ガンX線検査で陽性と判断される確率は9％。

では40代の女性が検査で陽性と判断されたとき、本当に乳ガンである確率はいくらだろうか。これは数学で言えば条件付確率の応用である「原因確率」の問題になる。この考え方はネット社会で問題になっている迷惑メールの除去にも使われている。

表を書いてみると下図のようになる。

	正しい判断	間違った判断
本当に乳ガン	乳がんで陽性	
本当は乳ガンでない		乳がんでないのに陽性

求める確率は陽性と判断された中（乳がんで陽性と乳がんでないのに陽性の和）での本当の乳ガンの割合を求めればよい。確率の割り算がまた確率になる。

まず乳がんで陽性の確率は0.01×0.90。乳がんでないのに陽性は0.99×0.09だから

$$\frac{0.01\times0.90}{0.01\times0.90+0.99\times0.09}=0.0917 \quad 約\ 9.2\%$$

これは意外に低い数字であるが、計算を見れば乳ガンでない人が99％いるわけでこの人たちの誤診の割合が相対的に高い比重を占めるからだ。この数字は実際のデーターをもとにしてあるので、陽性と判断されても気落ちしないで精密検査を受けた方がよい。統計の検定の分野では二種類の過誤（かご）（誤り）の話が出てくる。この場合『ガンでないのに陽性』（第2種の過誤）と『ガンなのに陽性でない』（第1種の過誤）である。第1種の過誤を減らそうとすると、条件が厳しくなり第2種の過誤が増えてしまう。両方を同時に減らすことは難しいのだ。

迷惑メールに関して具体例をあげる。太郎君は迷惑メールに悩まされている。太郎君にとって迷惑メールと正常なメールの比率は今までの経験上1：3である。「出会い」という言葉は迷惑メール中に$\frac{8}{100}$の確率で存在し正常メール中では$\frac{1}{100}$の確率で存在する。このとき、「出会い」と言う言葉が含まれるメールが

迷惑メールである確率を求めと $$\frac{\frac{1}{4}\times\frac{8}{100}}{\frac{1}{4}\times\frac{8}{100}+\frac{3}{4}\times\frac{1}{100}}=\frac{8}{11}\fallingdotseq0.73$$

今は「出会い」と言う単語1つだったが、「あなただけ」とか「こっそり」など複数の単語も検索の対象にしてその確率を調べれば、精度は上がっていく。

2D 2

色々なギャンブルの還元率

まず宝くじの期待金額を求めるには「期待値」という値の求め方を知らなければならない。期待値は重みを付けた平均値と思えばよい。でこぼこを無理やり平らにした値だ。
確率変数Xの確率分布表が下図の様な場合

金額X	x_1	x_2	…	X_n	計
確率P	p_1	p_2	…	P_n	1

Xの平均(期待金額)は$x_1p_1+x_2p_2+\cdots x_np_n$である。
下の表は平成16年の年末宝くじの等級、当選金、確率である。1ユニット1000万枚で簡単に表すためにA=1000万とする。

等級	1等	1等 前後	1等 組違い	2等	3等	4等	5等	6等	年末 ラッキー
当選金	2億	5000万	10万	1億	100万	10万	3000	300	1万
確率	1／A	2／A	99／A	2／A	10／A	100／A	10万／A	100万/A	3万／A

期待金額を求めると

$$2億円\times\frac{1}{1000万}+5000万\times\frac{2}{1000万}\cdots+1万円\times\frac{3万}{1000万}\fallingdotseq 142.99$$

元の値段が300円だから返金率は$\frac{143}{300}=0.477$　47.7%であるから平均して半分も戻ってこない。(ちなみに宝くじの市場規模は約8千億)
次に色々なギャンブルの返金率(還元率)、市場規模(2016年)を載せてみる。

遊技名	返金率	市場規模
競馬	約75%	約3兆1千億
競輪	約75%	約6千億
競艇	約75%	約1兆1千億
オートレース	約70%	約6百億
パチンコ・パチスロ	85%～90%	約21兆6千億
スポーツ振興くじ(toto)	約50%	約1千億

これを見て分かるように、宝くじ、スポーツ振興くじは返金率が低い。それはその残りのお金を使う目的が人件費以外にはっきりとあるからである。これを見るとパチンコ・パチスロの返金率は良心的な気もする。しかし市場規模を見れば日常的に行われている事がわかり、いわば薄利多売なのである。

3章 A

座標と関数とグラフ

(1) 次元の話とグラフの効用

兄「数学で一番何をやっているのか分からないのは『関数とグラフ』だ」

父「関数は数学では大事な分野で、小学校で比例、反比例、中学1年で座標が出て来て比例や反比例のグラフ、中学2年で1次関数のグラフ、中学3年で2次関数のグラフとつながっていく。高校では一般的な2次関数とそれを用いた2次方程式、2次不等式、三角関数、指数・対数関数と関数のオンパレードだ。関数は動いている物の位置の把握にも威力を発揮する。例えばサッカーボールや人工衛星の動きなどだ。ナポレオンは大砲の弾の動きを調べるために数学を勉強したとも言われている」

姉「私もグラフが苦手。式だけでいいのになんでグラフを描くのかしら」

父「関数を表す式を用いれば正確な値を求める事ができるが、全体の振る舞い、いわゆる全体像が目に見えない。それを補うのがグラフだ。式の方はデジタル的、グラフはアナログ的でお互いに補い合っている。グラフが描けるようになれば、関数はひとまず卒業になるね」

妹「グラフの必要性はわかったけど、まず平面の座標がぴんと来ない」

父「座標や関数が分かりにくい理由の1つは教科書の出だしの部分で、必要性や何をやっているかが身近に感じられない例(バネの長さと重さの関係など)が載っている。落語で言えば『まくら』の部分の内容が重要だ。『まくら』とは落語の本題に入る前に、その導入話や時事的な話をして客の反応をみる事だ。まずは座標だけど、その前に次元の話をしよう。直線は1次元、平面は2次元、空間は3次元だ。これだけだと教科書と変わらないので、それに関わる乗り物や動物の話をしよう。1次元の乗り物として電車があるよね。真っ直ぐにしか進めないから。動物ではどうだい」

兄「穴の中の蛇なんかそうだろうね」

父「いいね。2次元の乗り物として、自動車や船がそうだよね。自動車も草地なら自由に動ける。動物ではどうだい」

姉「人間も含めて多くの動物がそうね」

父「では３次元の乗り物や動物はどうだい」
弟「飛行機がそうだね。飛べる鳥もそうだ」
姉「潜水艦もそうね」
父「３次元動物は２次元の囲いを越えることができる。飛べる鳥を単なる柵(さく)で囲っても外に出られるよね。一般に n 次元動物は、$n-1$ 次元の柵を越える事ができる。すると仮に４次元動物がいたとしたら、どんなことが起きるだろうか」
弟「４次元動物は動物園にある天井の付いた檻も通り抜けてしまうということか。地面に這(は)いつくばって生きている２次元の芋虫から３次元の蝶が高く飛ぶのを見たら消えたと思うだろうね」
父「次元の話が長くなってしまったが座標の話をしよう。座標といっても２次元の平面の座標のことだ。日常的な話をすると、もし仮に学校の授業が毎日１時間目だけなら、それは１次元だよね。月、火、水…が数学、英語、国語…といった具合だ」
妹「そんな学校があったら行きたいよ」

月	火	水	木	金
数	英	国	理	社

父「普通は６時間目まであったりするから、平面座標が必要だ。例えば　(月、２時間目)＝英語、(水、５時間目)＝体育　と言った具合だ。そうだ通子ちゃんはこの前京都に行ったよね」
妹「修学旅行で行ったけど。確か通りの名前と何条かで場所が分かりやすかった気がする」
父「そうなんだ。例えば　京都駅＝(八条、烏丸通り)、(四条、河原町通り)＝１番の繁華街　といった具合だ」
母「推理作家の山村美紗の京都をテーマにした推理小説『花の棺(ひつぎ)』に碁盤の目がトリックとして使われていた。確か札幌の街も碁盤の目のようになっている事と関連するの」
父「なるほど。推理小説のネタにもなるのか。これで平面上の点を表す時に２つの要素が必要だとわかったよね。数学が苦手な子に平面における原点の座標を聞くと（０）と言うんだが、正解は縦、横があるから（０，０）だよね」

(2)　犬と人の年齢の関数

父「やっと関数の話に入るよ。取り上げるのは１次関数だ。分かりやすいように、これからは小型犬の年齢とそれに対応する人の年齢の話をする。小型犬と大型犬では年齢の対応が違うらしいが、これからは小型犬の事を単に犬とする。またグラフの座標は横を犬軸、縦を人軸とする。座標の要素は（犬の年齢、人の年齢）とするよ」

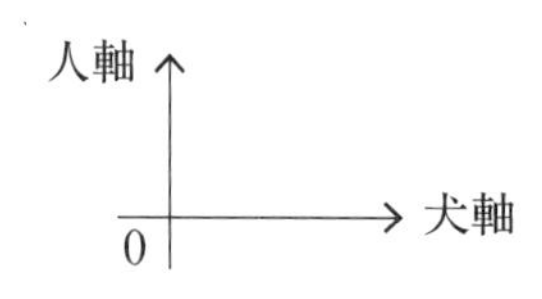

妹「犬飼いたい」

母「親は２人とも働いているし、通子も部活で遅いだろう。高校受験もあるし。毎日の散歩が大変だよ。剛もしっかりと勉強して就職してほしいし」

父「まあ、楽しみは取っておくことにして、次の問題を解いてみよう。『犬の１歳は人の 20 歳に対応する。また犬の５歳は人の 36 歳に対応する。この対応は１次関数で表されるとすると、どんな関数になるか。また犬が 10 歳になった時は人の何歳か』、剛君はさっき関数は何をやっているかわからないと言ったけど、この場合何をやっているかわかるかい」

兄「具体的な犬の年齢と人の年齢の対応から一般的な対応の関数を作る、いわばオールマイティな関係式を求める。そうすれば、どんな犬の歳からでもそれに対応する人の歳が求められる」

父「その通りだ。いいセンスをしている。関数とはこの場合、犬の歳が決まればそれに対応する人の歳が１つだけ決まる事だよ」

妹「それだけなんだ。まあ対応する人の歳が２つあると困るものね」

父「関数が分かりにくい原因の１つに x, y 組と a, b 組の２種類の文字が出て来る事がある。ここで x,y は変数で互いに規則性を持って変わる数。a,b は任意定数と言って値はまだ定まっていないが定数で、決まればその値だけしか取らない。ここでは最初に x,y を使わないで、犬、人にしよう」

妹「面白そうな問題だから早くやろうよ。１次関数ならなんとかできるわ。まず求める式を思い切って　人＝ a ×犬＋ b と置いちゃうことがポイントね。分からない値を x とおいて式を作る事の発展形だ。そして a,b を求めればいい。これにさっきの２つの値を代入してみるよ。$20=a\times1+b$…①　$36=a\times5+b$…②だね。連立方程式を解いて a, b を求めればいいから、②－①より b が消えて $4a=16$ で $a=4$、次にこれを①に代入すると $b=16$ になる。するとオールマイティの式は　人＝４×犬＋ 16…③となる。これさえ分かれば、犬 =10 を③に代入して人＝４× 10 ＋ 16 ＝ 56 歳になるね」

母「通子、張り切っているね。犬が出て来ると関数は楽しいんじゃない」

姉「ところで人＝４×犬＋ 16 の式に犬＝０を代入すると、人 =16 になっちゃっておかしいよね。犬＝０の時人＝０よね。③の式はオールマイティじゃないわ」

父　「鋭い指摘だ。正確には人＝４×犬＋16の関係式は犬が１歳以上じゃないと使えない式なんだ。つまり関係式があっても意味のある範囲が限られる場合がある。その範囲を数学では定義域という。ただこれからグラフも見ていくから、この式の犬が０歳から１歳までは『まぼろしの式』ということにしよう。グラフで描く時は点線にするよ」

兄　「どの範囲でも成り立つ訳じゃないんだ。もっとも人だって日本人の最高齢は116歳くらいだから犬の範囲も25歳以下になるのかな」

父　「さっきの与えられた２点を犬軸、人軸のグラフにとってみるとどうなるかな。座標は(犬、人)の順番だからね」

妹　「(１,20)と(５,36)だよね。直線は２点で決まるからこの２点を結べばいいわけか。36の目盛りは大体だけど、グラフそのものがアバウトだから問題ないね。１以下と25以上は点線にするのか」

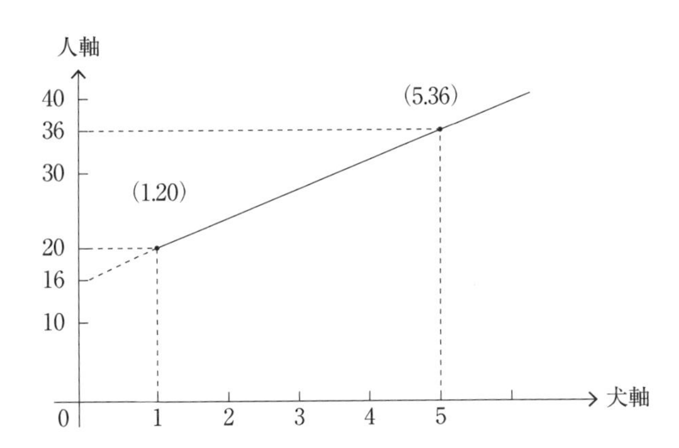

父　「さっき求めたa= ４は傾きでこの値は犬が１歳としを取ったとき人は４歳としを取る事を示している。B=16は点線上になってしまうが、この場合犬が０歳の時に人が16歳であることを示している。人切片（ひとせっぺん）とでも言おうか。傾きは傾き＝$\frac{縦の変化}{横の変化}$だが、傾きは２章でやった内包量なので人工的に人が決めた値だ。人切片は点だから分かりやすいが、傾きは性質を表すから分かりにくいね」

妹　「じゃ傾きは傾き＝$\frac{横の変化}{縦の変化}$も有りなわけ」

父　「そうだね。人間の目が縦に２つ付いていたり、人間が３次元動物の様に空を飛べたら、そうなるかもしれないね。座標も（横、縦）の順なのは横に目が２つ付いていて横が基本だからだ。右の図の２つの屋根の傾きをどう数字で表せばいいか考えてほしい。ここで理解ができたようなので、犬の歳をx、人の歳をyとすれば、③の式は$y=4\times x+16$…④となるね。傾きaと傾きbが決まればオールマイティの関係式が決まり、大局的なグラフも決まることがわかったかな。ついでに今は犬の歳から人の歳を求めたけど、その逆の人の歳から犬の歳を求める関数も存在する。求め方は④の式をxについて解いて$x=\frac{y}{4}-4$…⑤となる。式はこれでいいんだけど、関数は一般にxからyという方向性があるから⑤のx,yを入れ替えて$y=\frac{1}{4}x-4$…⑥とする。ただしこの時xは人の歳でyは犬の歳だ。④と⑥の関数は互いに逆関数であると言う。⑥の関数の傾きは$\frac{1}{4}$で人が１歳としを取ったとき犬は$\frac{1}{4}$歳としを取る事を示している」

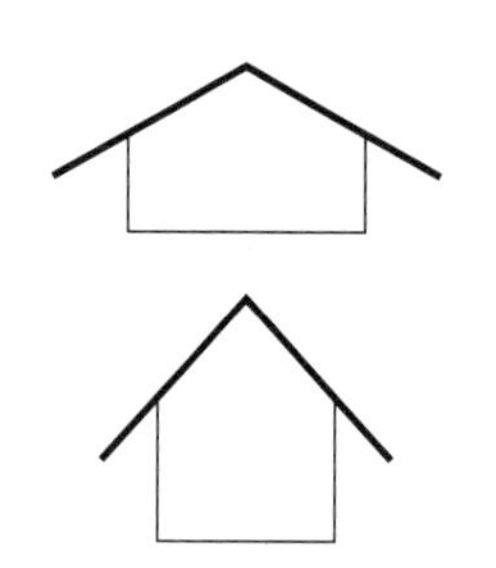

父　「不等式の意味をグラフの傾きを使えばすぐにわかる問題がある。それは『加比の理（かひのり）』と呼ばれる不等式だ。『理』とは『道理』という意味かな。例えば$\frac{1}{3}<\frac{4}{5}$は成り立つよね。すると$\frac{1}{3}<\frac{1+4}{3+5}<\frac{4}{5}$が成り立つ。つまり、分子どうし、分母どうし足して新しい分数を作ると、その値は常に最初の不等式の間にくるんだ」

妹　「$\frac{1}{3}<\frac{5}{8}<\frac{4}{5}$は通分しないと分からないよ」

父　「右の図を見てごらん。$\frac{1}{3}$と$\frac{4}{5}$は直線の傾きと見れば、$\frac{4}{5}$の方が$\frac{1}{3}$より急だよね。すると新しく作った分数$\frac{1+4}{3+5}$の傾きは図から$\frac{1}{3}$と$\frac{4}{5}$の間にくるよね。なぜなら２つの傾きをトータルした値だから傾きは急と緩いの間にくるね。一般にa,b,c,dを正の整数とすると$\frac{a}{b}<\frac{c}{d}$の時

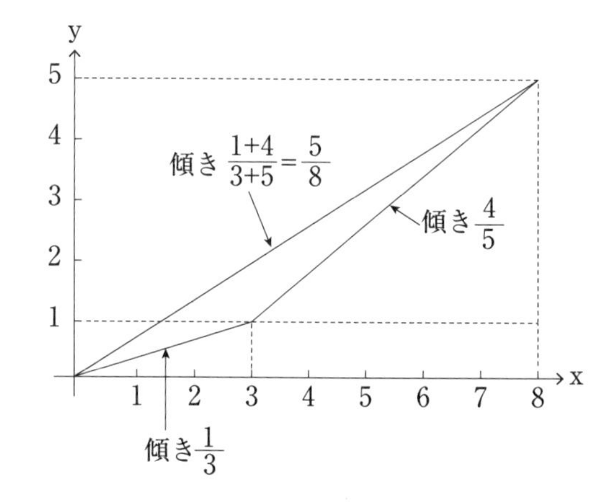

$\frac{a}{b}<\frac{a+c}{b+d}<\frac{c}{d}$が成り立つ」

兄「単なる分数の大小が直線の傾きを用いて簡単に説明できるんだ。式と図形が結びつくのは面白い」

(3) 平行移動と２匹の犬の年齢の関数

姉「そうだ、私２次関数の平行移動がぴんとこないの。例えば$y=x^2$のグラフを犬軸じゃなかったx軸方向に＋３だけ平行移動したグラフの関数がなんで$y=(x-3)^2$なの。$y=(x+3)^2$じゃないの」

父「関数の平行移動はよく出て来るから大切だ。原理は同じだから１次関数で考えよう。問題をまず簡単な形に変えて考える事は数学の常道だ。さっきの犬(兄) に、３歳違いの弟がいたとしよう。兄の歳を歳の基準にすると、兄は（１,20）の点を通るけど、弟は３歳違いだから（４,20）の点を通るよね。弟は３年遅れて 20 歳だから。傾きは同じで、２つのグラフを描くと次のようになる」

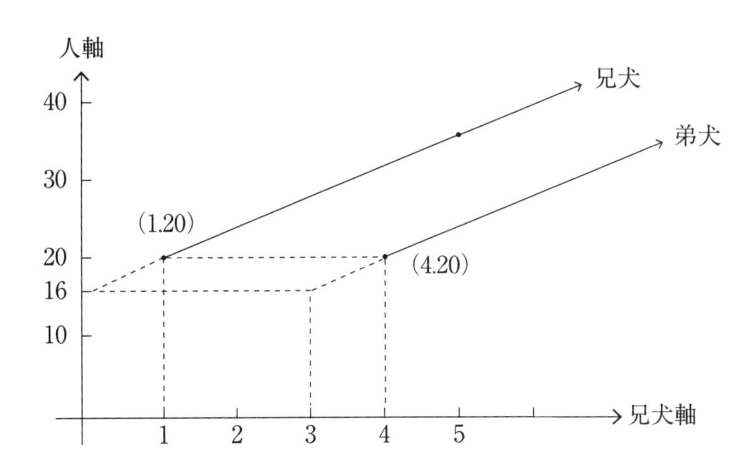

姉「弟の方が遅れているのに右にあるね」

父「例えば点(１, ２)をx軸方向に右に＋３だけ平行移動すると確かに点(４, ２)に移る。しかしグラフをx軸方向に＋３進める事は、同じyの値を基準にするから、弟の式は兄の式$y=4x+16$を使うとすれば、$x-3$で兄と同じyの値になる。よって$y=4(x-3)+16$になる。$x=3$のとき$y=16$になっているね。右に動かす事はプラスという感覚があり、点では成り立つが、関数では同じyの値から見るので遅らせる事になりマイナスとなる。２次関数の$y=x^2$と$y=(x-3)^2$の関係も同じだね」

⑷　関数は自動販売機

父「せっかくだから、関数の話を少しだけ続ける。高校の数学で色々な関数が出て来るけど、ポイントは２つあって何を入力すれば何が出力されるのかとそのグラフを意識することだ。自動販売機をイメージすれば入力がお金で出力が飲み物になる。販売機が関数だ。入力をxとすると出力はyで、さっきの話で言えば、犬の歳が入力で出力は人の歳になる。『プログラミング』が小学校にも導入されるがプログラムの基本は関数と同じで入力と出力に着目し、それをつなぐのがプログラムなのだ」

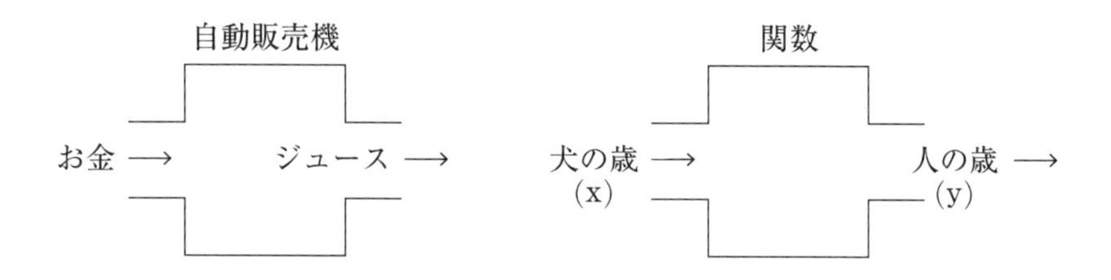

姉「三角比の*sin*,*cos*の記号がぴんと来なかったけど$sim30° = \frac{1}{2}$って、角度30°を入力すれば、値$\frac{1}{2}$が出力される規則、それが関数なんだ。『*sin*』という記号に惑わされるけど、$S(30°) = \frac{1}{2}$でいいんじゃない」

父「その通りだ。Sだと一般名詞ぽいので固有名詞の*sin*にしているのだ。対数関数の*log*も含め、記号に惑わされないように。通子ちゃんは吹奏楽部だったので音楽に関わる指数関数を３Ｄ４で取り上げるよ。化学反応の速度や奨学金などの返済の複利計算にも出て来るし」

妹「音楽と数学は関数でつながっているんだ。ちょっと数学見直した」

父「三角関数もカラオケの採点やゲームの立体画面製作、病院でのCTやMRIにも使われているよ」

3B 1

5分後の3人の位置

A君の住む町はある公園を起点に碁盤の目の様になっている。1つのブロックが100mである。今この起点となる公園をA君、B君、C君が同時に歩き始める。ただし3人は北か東に歩き、戻る事、止まる事はない。3人とも1分間に100m進む。

公園を原点、東方向をx、北方向をyとする。すると5分後3人はどのように歩いてもある直線の方程式上に必ずいる。この直線の方程式を求めよ。

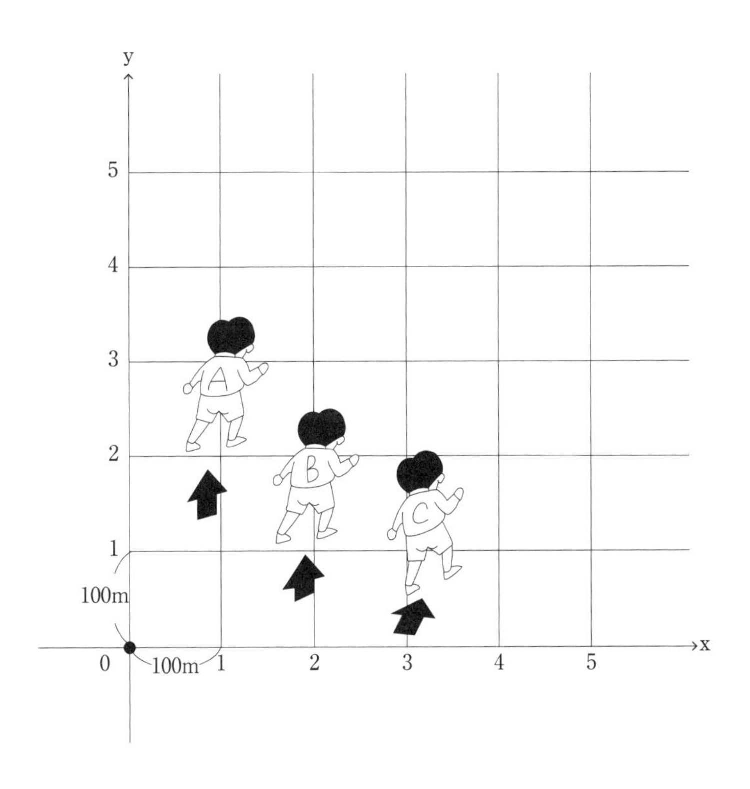

解答

1分間で、東（横）に1ブロック進むことをx、北（縦）に1ブロック進むことをyとする。すると3人の5分間の行動は$xxxyx, yyxyy, xxxxx$…の様に表せ、これは規則性がある。どの場合もxとyの数の和は5。すると直線$x+y=5$（$y=-x+5$）となり、3人の5分後の位置は必ずこの直線上にくる。

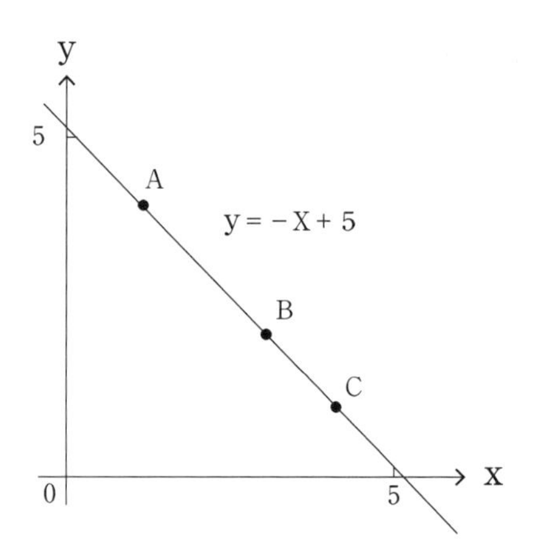

$y=-x+5$の直線の傾きは−1で、5はy切片である。

自由に動けるので一見規則性がなさそうに見えるのだが、きちんとした決まりが裏にあるのだ。

解説

与えられた問題は、平面上の話だったが、次の様な空間ではどうだろうか。

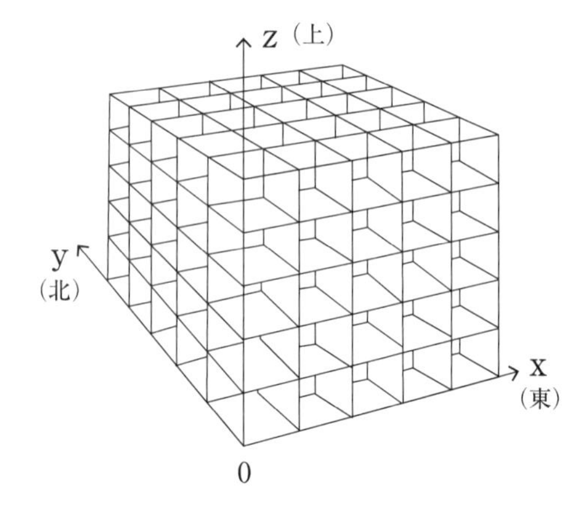

問題　3人がジャングルジムで出発点から5秒間移動する。1秒間で1パイプ移動し、止まったり、3方向全てで戻ったりしないとする。平面での東方向をx、北方向をy、上方向をzとするとき、5秒後の3人の位置はどうなるか。

解答　例題とほぼ同じで、どの場合もxとyとzとの数の和は5。すると$x+y+z=5$となる。この式は空間における平面の方程式である。例えば$xxxxx$は$x=5, y=0, z=0$より(5,0,0)を通る。y, zも同様だから3点(5,0,0), (0,5,0), (0,0,5)を通る平面となる。

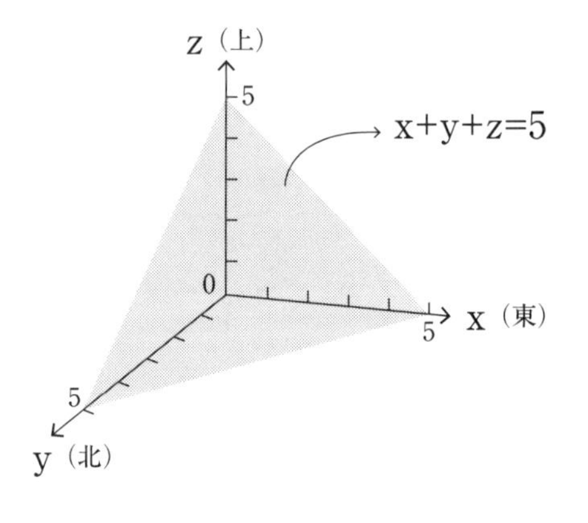

$x+y+z=5$のグラフはわかりやすい様にy軸の方向を上の図と逆にしてある。

3B 2

元が同じで倍率が違う2枚の写真を重ねた時必ず不動の点がある

この問題は数学では「不動点定理」と呼ばれる重要な定理である。この定理は存在定理(求め方ではなく、ある範囲に条件を満たすものがある事を保証する定理) に属する。

１つの写真を元に大きく引き伸ばした相似形の写真が２枚(大と小) ある。大の写真の中に小の写真を置く。本当は小の写真の向きは自由だが、ここでは話を簡単にするために小の写真の向きは大の写真の向きと平行とする。すると大きさの異なる写真ではあるが、不動点(大と小の写真で一致する点) が必ず１点ある。それはどうしてだろう。

ヒント　３Ａで次元の話をした。２枚の写真は縦、横の２次元だが、まず１次元で考えてみる。今10㎝の定規があり、その定規を縮小コピーした紙の定規を作り、２つの定規の距離を多少離して大きな紙の上に平行に置く。この時縮小コピーした定規は元の定規の両端の中に置く。次に元の定規と縮小コピーした定規の左右の両端どうしを下の図の様に線で結ぶ。対応する同じ目盛りの点を次々に結んでいくとどんな事が言えるか。

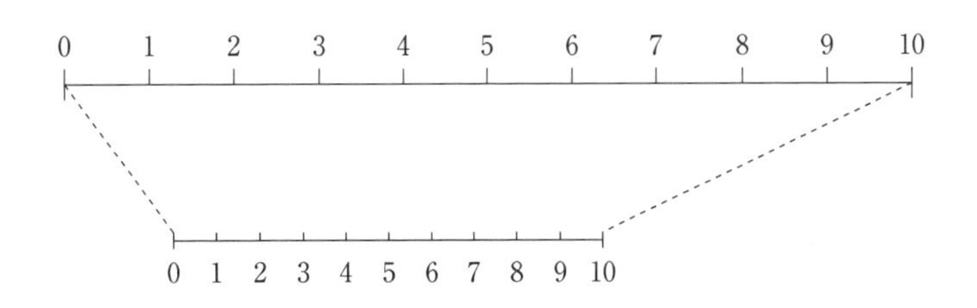

解答

ヒントの続きをやると２つの定規の対応する点を結んでいくと、横に垂直になる直線がどこかに必ず出て来る。厳密には２Ｃ１で述べた実数の連続性によりこのことは保証されている。これで、横に関して動かない点Ａがある事が分かった。同様に縦に関しても動かない点Ｂがある。次に横に関して動かない点Ａを通って縦と平行な直線を引く。同様に縦に関して動かない点Ｂを通って横と平行な直線を引く。すると下の図のように交点(Ａ,Ｂ)ができ、この点が求める不動点となる。

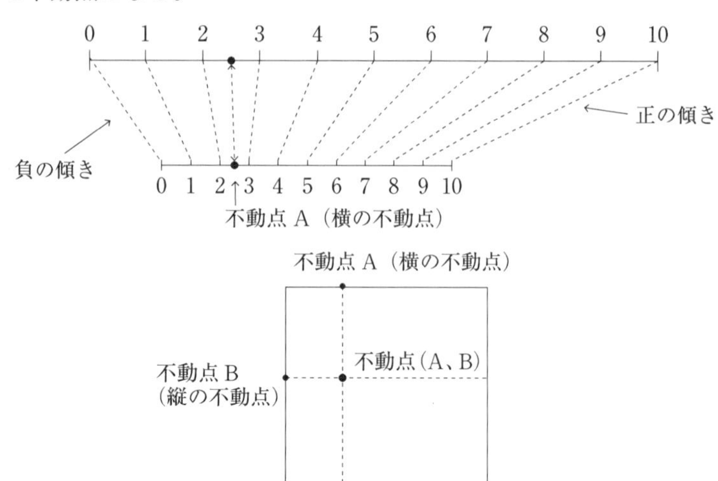

解説

存在定理は高校の数学にも出て来る。数Ⅲの「中間値の定理」や「平均値の定理」がそれだ。平均値の定理の実例を簡単に述べる。右の図で横軸は時間、縦軸は距離である。図のように車は途中で速度が色々変化したが、２時間で100㎞進んだ。結果的に平均時速は50㎞だ。速度＝$\frac{距離}{時間}$だからグラフにおいて速度は直線の傾きになる。すると途中どんな速度であっても、時速50㎞の点が少なくとも１つはある。これが平均値の定理である。

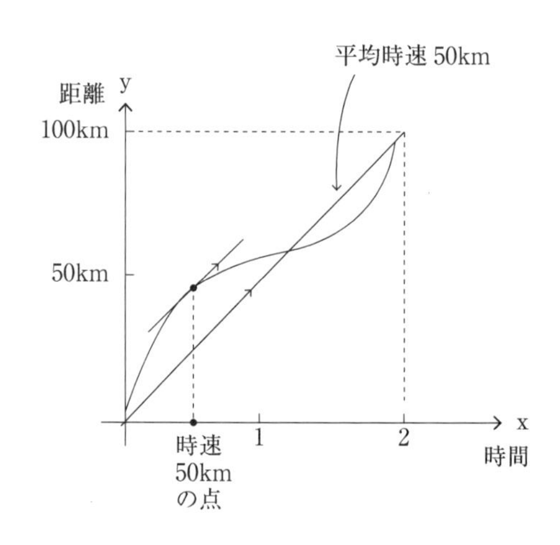

3C 1

なぜ0で割る事はできないのか

数学において$0 \div 3 = 0 \times \frac{1}{3}$で、0をある数(0以外の数)で割った時その値は0である。しかし$3 \div 0$の値はない。それはどうしてか。もしその値があったとしてその値をxとする。つまり$\frac{3}{0} = x$として、両辺に0を掛けると$3 = 0 \times x$となるがこれを満たすxは0の性質からない。

こんな説明もある。$1 \times 0 = 2 \times 0$この式は両辺の値が0なので正しい。この両辺を0で割ったとすると、$1 = 2$となってしまう。この事が出て来た原因は両辺を0で割った事にあり、それができないという事になる。

現実的な問題として、コンピュータのプログラムを組む際に、0で割ることの無いようにプログラムチェックをする必要がある。0で割る事に神経質にならなければならない。

話は変わってある小学生が先生になぜ「$0 \times 3 = 0$」なのかと尋ねたとき、その先生は「カエルが3匹います。この時おへその数はいくつでしょうか。それが$0 \times 3 = 0$です」と答えたという。カエルにへそはないからという理由だが子どもにとって、具体的なイメージがつくられるだろう。

$3 \div 0$の値はないが$y = \frac{3}{x}$という反比例のグラフでxを正の数の方から0に近づけてみる。

x=0.1,0.01,0.001…の様にしたときyの値はどうなるか。それは右のグラフを見て分かるように、無限大(∞)にいく。

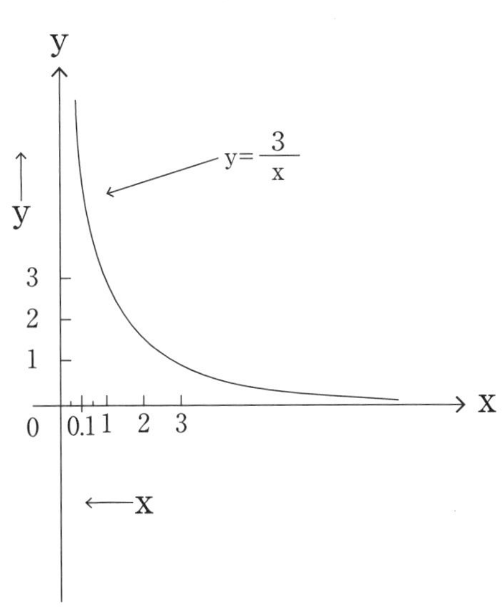

ただし無限大は数ではなく状態を表わす記号だと思って欲しい。

例えば$\infty + 10 = \infty$や$\infty \times 10 = \infty$は成り立つ。しかし$\infty - \infty$や$\frac{\infty}{\infty}$の値は∞に行くスピードによって違ってくる。

3D 1

ローンにおける年利率と返済年数との関係

住宅ローン、自動車ローン、カードローンと巷(ちまた)には色々なローンがある。その年利率を調べてみると、会社によって時によって違いはあるが、大まかには以下の表のようになる。

ローンの種類	住宅固定金利	住宅変動金利	自動車ローン	カードローン
年利率	0.75%	0.45%	1.5%	2〜18%

返金総額は複利で計算される。複利と単利について学校では教えられていない。せいぜい指数関数(数II)か数列(数B)の応用として教師が教えるかどうかだ。ただ表計算ソフトの関数を使えば値は簡単に求められる。その関数はPOWER(数値、指数)である。例えば20万円を借りて、年利率15%(0.15)で10年そのままにしておくと返済総額は20万×POWER(1.15、10)=20万×4.05=81万になる。1.15を10回かければ4.05になり、元の金額の4倍も返さなければならない。複利の怖さである。次に年利率と返済年数について「複利表」(その年利率と年数から元金の何倍を返さなければならないかの値)を以下に載せる。

	1%	2%	5%	10%	15%	20%
3年	1.03	1.06	1.16	1.33	1.52	1.73
5年	1.05	1.10	1.28	1.61	2.01	2.49
8年	1.08	1.17	1.48	2.14	3.06	4.30
10年	1.11	1.21	1.63	2.59	4.05	6.19

この複利表を見ると例えば年利率2%で8年と5%で3年が1.16,1.17でほぼ同じ、また年利率5%で8年と15%で3年が1.48と1.52と値が近い。要するに年利率と年数に関して等高線のように同じような値を結ぶ線が引ける。借金は年利率だけでなく年数にも着目すべきで、年利率と年数の2つを変数に持つ関数なのだ。早い話が借金には利息がつくので早めに少しでも返せば利息は減る。

返済金額が年利率から2倍になる年数をすぐに求める事ができる式がある。70の法則と言って、微分の級数展開から出て来る。例えば年利率が5%ならば70÷5=14、14年で元金の2倍を返済することになり10%ならば70÷10=7、7年で2倍になる。

住宅ローンの返済方式は「元利均等方式」が多い。これは毎月一定の金額を返していく方法で、最初は返済の中の利息の部分が多く、なかなか元金が減らない。逆に早めに繰り上げ返済をすればその利息の部分が減る事になる。

表計算ソフトエクセルの関数を使えばローンを組んだ時に毎月いくら払えばよいかがすぐにわかる。その関数はPMT(ペイメント)で、PMT(利率、期間、現在の返済総額、0、支払期日)を入力すれば、その金額を出力してくれる。支払期日が月末だと0、月初ならば1を指定する。金額はマイナス表示となる。

3D 2

火災保険のからくりと生存数のグラフ

生命保険、火災保険など保険は個人の大きな危機に対して、見知らぬ多くの人の助けでフォローがなされる。ここではまず火災保険について大雑把に見ていく。2013年住宅火災にあった件数は日本中で1万3621件、世帯数は5554万9282軒である。すると1年間で火災にあう確率は割り算することで0.00024、4078軒に1件である。話を簡単にするために4000軒に1件とする。火災保険会社の経費（人件費、広告費、賃料等）は約30%と言われている。

では4000軒から年間ある金額x円を受け取って、30%の経費を含めて、火災にあう1軒に1000万円払う。金額をいくらにすればよいだろうか。

解答とすれば

経費は30%なので、残り70%は被害者に渡せる。4000軒から1年間集める金額をx円とすると　$x \times 4000 \times 0.7 = 10000000$

$$x = 10000000 \div 2800 = 3571 \text{円となる。}$$

保険の話は数学で言えば期待値（この場合は期待金額）の分野である。

次に生命保険の場合、死亡の確率は低いので高額が返ってくるが、けがの確率は高いのでその場合はそれほどでもない。生命保険業界では今までのデータから死亡率などを詳しく予測するアクチュアリーという職種がある。ここでは下の生存数のグラフから平均寿命と寿命中位数（出生者のうち、ちょうど半数が生存し、半数が死亡すると予測される年数）との関係を見ていく。

このグラフで平均寿命とは①と②の面積が等しくなる年齢である。それは平均寿命（x歳）前に死亡したとき、その差をマイナスとし、人数を掛けていく。平均寿命（x歳）後に死亡した場合はその差をプラスとして人数を掛ける。結局その合計のプラスマイナスが釣り合う点が平均寿命となる。全体を見ると平均寿命よりも寿命中位数の方が2、3歳上である。それは早くに亡くなる人が少数でもいることで①と②の形が非対称になり、平均寿命が押し下げられているからである。平均寿命の時に半数が死んで、半数が生きているわけではないのだ。

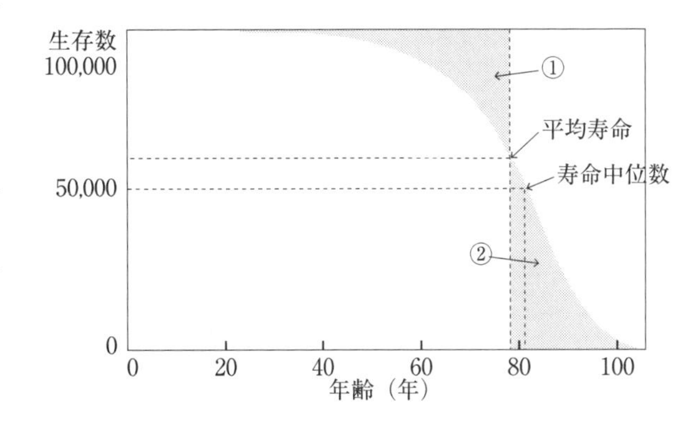

3D 3
三角関数はCTやMRIにも使われていて命にも関わる

数学の分野で特に評判が悪いのは「三角関数」ではないか。九州のある県知事が「女の子にサインコサインはいらない」と言ったり、元大阪府知事の橋下氏は「三角関数を使ったためしがない。全員に課す絶対必要な知識ではない」と。ここで補足すると「三角比」は数Ⅰにあり、これは三角形のサイン、コサインで全員に課している。しかしその「三角比」を発展させた「三角関数」は数Ⅱにあり、多くの生徒が学ぶであろうがこれは選択科目である。三角関数の評判が悪いのは、$\sin\theta, \cos\theta$など関数の記号が独特で、かつ公式も多く出て来る。θはギリシャ文字でシーターと読み、一般に角度を表す際に使われる。三角比も三角関数も角度と$\sin\theta, \cos\theta, \tan\theta$の値の対応である。例えば$\sin 30^\circ = \frac{1}{2}$、逆に$\sin\theta = \frac{1}{2}$の時$\theta = 30^\circ$といった具合である。

まず「三角比」が使われている場面であるが、例えば高速道路で坂道を表す表示として10%とある。これは100メートル水平に行った時に10メートル登るという表示である。これは三角比ではタンジェントで$\tan\theta = \frac{10}{100} = 0.1$。この時角度$\theta$はほぼ6°である。東京都では車いす用のスロープの勾配を5%以下と定めている。今勾配を5%として、高さ1メートルの段差があったときの水平距離を求める。水平距離をxとして比例を使うと、$\frac{1}{x} = \frac{5}{100}$より$5x=100$で$x=20$メートルとなる。角度は平面に奥行きを付けた映像や回転にも使われ、ゲームソフトでもなくてはならない存在だ。

さて「三角関数」であるが$y=\sin\theta$と$y=\cos\theta$のグラフを右に示す。このグラフの形から、交流回路、音、振動に関係することは分かっていただけるだろう。実は三角関数の応用である「フーリエ変換」という強力な武器がある。フーリエとはナポレオンの部下でもあった数学者の名前である。「フーリエ変換」によって$y=\sin\theta$、$y=\cos\theta$を変形して合わせる事で全ての関数を表す事ができる。また逆に複雑に絡んだ関数をいくつかの$y=\sin\theta$、$y=\cos\theta$に分解できるのである。数Ⅱにある$\sin^2\theta = \frac{1-\cos 2\theta}{2}$も一つの例だ。

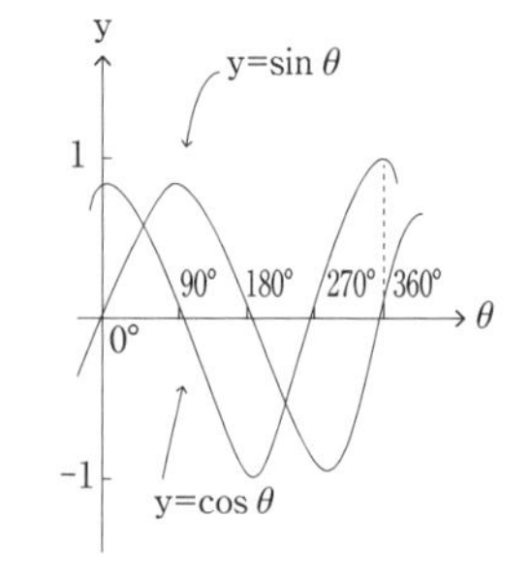

CTとはComputer Tomography（断層撮影）の略で、X線を3次元の中であらゆる方向から照射して、色々な部分の細胞が吸収したあとの値と初めの値の比を調べる。それによってその細胞ごとの特性を調べる。MRIも原理は同じで人体中の水分子の水素核が電磁波を吸収した比率を調べる。問題になるのは映像が重なり合うので、ここでフーリエ変換と逆変換を行い結果を分解して正確な断層写真を得る。三角関数は命にかかわっているのである。

3D 4

ピアノのハーモニーの弱点と数学

音楽の３要素と言えばメロディ、リズムそしてハーモニーだ。ここで取り上げるのはハーモニーである。１オクターブは振動数の比が、$1:2$、２オクターブは $1:2^2=1:4$、3オクターブは $1:2^3=1:8$ で、人間の耳は振動数の比の4倍、8倍を2倍、3倍と感じるのだ。また同時に2つ以上の音を鳴らすとき、その振動数の比が簡単な整数比であるとき響きがよく聞こえる。例えば1オークタープだけでなく、ド:ミ:ソ = 4:5:6もそうで、ソ:シ:レとファ:ラ:ドも同じ整数比である。するとこの振動比を元に、ドレミファソラシドを作ると振動数の比は $1:\frac{9}{8}:\frac{5}{4}:\frac{4}{3}:\frac{3}{2}:\frac{5}{3}:\frac{15}{8}:2$ となりこれを純正律と言う。ところがこれでは調を変えた時に不都合が生じる。例えばド♯とレ♭はピアノでは同じキーだが、別にしなければならずキーが増えてしまう。

ではどうするか。まずドレミファソラシドの音の間の関係は全全半全全全半で、その全の間に黒鍵があり半音を出せる。するとドからドまでは半音単位で分けると12半音となる。この半音の振動比を a とすると $1\times a\times a\cdots\times a=a^{12}=2$ より $a=\sqrt[12]{2}=1.05946309\cdots$。

つまり $a=1.05946309\cdots$ は12回かけると2になる数で無理数である。この振動比で作られた音階を平均律と言う。平均律は調が変わってもそれなりにハーモニーを維持できるようにした妥協の産物とも言える。ここでミとソはこの平均律で表すとどうなるか。ミは半音階では４番目、ソは７番目だから、ド:ミ:ソ $=1:(1.0594631)^4:(1.0594631)^7=1:1.2598:1.4983=4:5.039:5.993\fallingdotseq 4:5:6$ となっている。これを見るとミの方が純正律より上にずれ、ソは下にずれてずれ幅はミの方が大きい。これがピアノでドミソの和音を弾くときに濁った響きがする理由である。

バイオリンなどの弦楽器は微妙に高さを変えられるのでドミソのハーモニーを意識するならば、ミは低めに、ソは高めに弾かなければならない。ちなみに、$y=2^x$, $y=(1.0594631)^x$ は指数関数と呼ばれ色々な場面に顔を出す重要な関数である。右にそのグラフを書いておく。グランドピアノの蓋の形と似ているはずである。

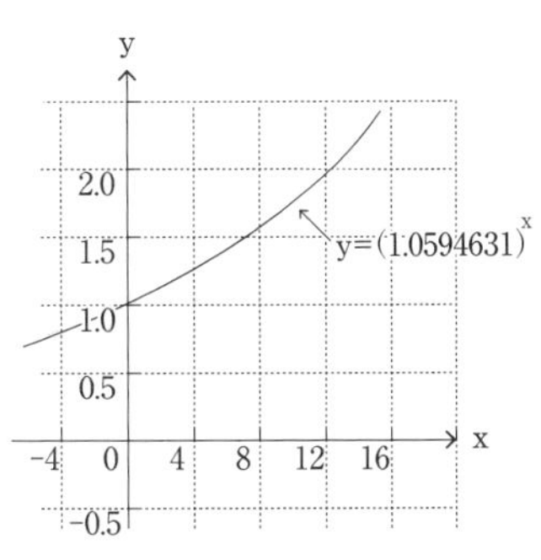

ピアノの弱点を述べたがピアノは楽器の王様と言われている。その訳は７オクターブも出せる音域の広さにある。バイオリンも広いが、その音域はピアノのほぼ右半分である。

4章 A

図形の性質と証明

(1) 数学と推理ドラマ

妹 「『図形の証明』ってなんでやるの。結果が分かっているのに。方程式でxを求めたり、図形でも角を求めるのなら意味はわかるんだけど」

父 「『図形の証明』の教育的意義は、仮定された条件から論理的に結論を導くトレーニングかな。極論すれば高校までの数学は2種類ある。例えて言うなら『名探偵コナン型』と『警部補古畑任三郎(ふるはたにんさぶろう)型』だ。『古畑任三郎型』は昔人気のあった『刑事コロンボ型』としてもよい」

妹 「それってなあに。コナンは好きだけど数学とどんな関係があるの」

父 「『コナン型』はわからない犯人を見つける型で、数学で言えば方程式のxや、図形の角度を求める問題だ。一方『古畑任三郎型』は初めから視聴者に犯人を教えて、論理的に色々な角度から追い詰めて矛盾点を見つけ、最後には犯人も納得する型だ。この型の犯人は一般に知的レベルが高く、犯行が分かった時に無駄な抵抗はしない。つまり数学の証明はこの型で視聴者の楽しみはその論理性だね」

(2) 証明問題のコツ

妹 「何か証明のコツはないのかな」

父 「図形の証明問題では与えられた仮定だけでなく、基本的な定理を覚えていてしっかり途中で使えないといけない。あとは結論が分かっているのだから、逆にその結論が成り立つためにはどんな事が必要かを考える、つまり逆向きに考える事がコツだね。犯人だったらアリバイはどうなのかと同じだね」

姉 「定理はいっぱいあって覚えるのが大変だよ」

父 「そうだね。ただよく出て来るのが、三角形の合同条件、相似条件、平行線の性質、三平方の定理、円周角の定理かな。ここでは合同条件だけを確認しておこう。通子ちゃん言ってみて」

妹 「①三辺が等しい。②二辺とそのはさむ角が等しい③一辺とその両端の角が等しいだね」

父　「英語で辺は *Side,* 角は *Angle* なので英語圏ではこの3つの合同条件は頭文字を取って、SSS, SAS, ASA と覚える事になっている。例えば SAS は二辺とそのはさむ角が等しいだ」

父　「二等辺三角形に関する証明問題をやってみよう。ここで定義と定理という言葉が教科書に出て来る。二等辺三角形の定義は言葉で言うと『2辺が等しい三角形』そこから定理として『2角が等しい三角形』が出て来る。実は『2角が等しい三角形』を定義としても辺の関係が出て来る。今の場合の定義と定理の関係は互いに一方を仮定して他方が成り立つから『同値』と言われる。着目する場所が辺と角と違うけど内容は同じという事だね。なぜ辺の方を定義としているかと言えば、名前が「二等辺」だし角より辺の方が取り扱いやすいからかな。

証明1　辺⇒角

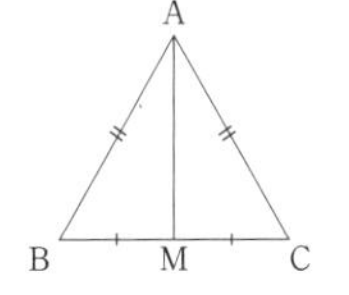

仮定　三角形 ABC において $AB = AC$

結論　$\angle B = \angle C$

直子やってごらん」

姉　「当然三角形の合同を使うんだろうね。頂点 A と底辺 BC の中点 M を結んで、2つの三角形 ABM と ACM の合同を言えばいいのか。$AB = AC$（初めからの仮定）、$BM=CM$（自分で設定した仮定）、AM は共通　よって三辺が等しいから、$\triangle ABM \equiv \triangle ACM$　ゆえに $\angle B = \angle C$　意外と簡単だ」

父　「いいねえ。正解だ。この問題は自分で1つ仮定を作れるからお得だ。その仮定も頂点 A から垂線を下してもいいし、頂角 A の二等分線を使ってもいい。証明2は頂角の二等分線を使って証明してみよう。

証明2　角⇒辺

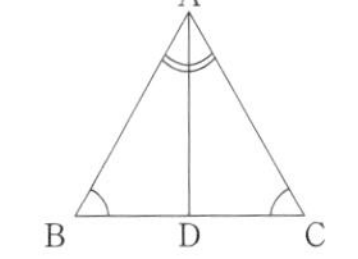

仮定　三角形 ABC において $\angle B = \angle C$

結論　$AB=AC$　　通子ちゃんやってみて」

妹　「頂角 A の角の二等分線をひき、BC との交点を D とする。$\triangle ABD$ と $\triangle ACD$ において、$\angle B = \angle C$（初めからの仮定）、$\angle BAD = \angle CAD$（自分で設定した仮定）三角形の内角の和は180°より残りの角も等しい。従って $\angle ADB = \angle ADC$ また AD は共通。よって一辺とその両端の角が等しいから $\triangle ABD \equiv \triangle ACD$　ゆえに $AB=AC$　全体の流れをまずおさえればあとは慣れだね」

(3)　三平方の定理とレオナル・ド・ダヴィンチ

父　「次に『三平方の定理』について話すよ。三平方の定理は第二次世界大戦以前は『ピタゴラスの定理』と教えられていた。しかし戦時中のカタカナ禁止令により『三平方の定理』となった。戦時中例えば、ゴルフは打球、スキーは雪滑、横浜にあるフェリス和英女学校が横浜山手女学院といった具合に名称が変えられた。それだけ影響力のある定理とも言える。さてピタゴラスは紀元前 580 年ごろの生まれで、エジプトに留学する。当時エジプトはナイル川の氾濫によって測量の必要性が生まれ、縄を使って測量する専門家がいた。彼らは三辺の長さの比が3：4：5の時、直角三角形になる事を知っていた。(5：12：13 でも直角三角形になる)ピタゴラスはこれを一般化した。すなわち「直角三角形において直角をはさむ2辺の長さをa,b、斜辺の長さをcとすると$a^2+b^2=c^2$が成り立つ。またその逆も成り立つ。」である。証明方法は 200 以上あると言われているが、まず2つの図からわかる一番簡単なものを示す」

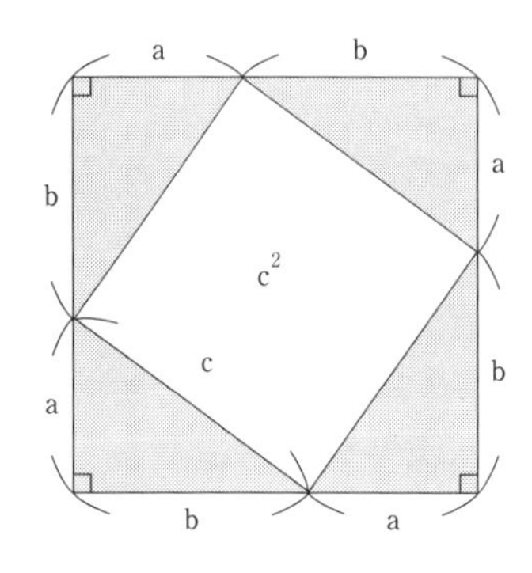

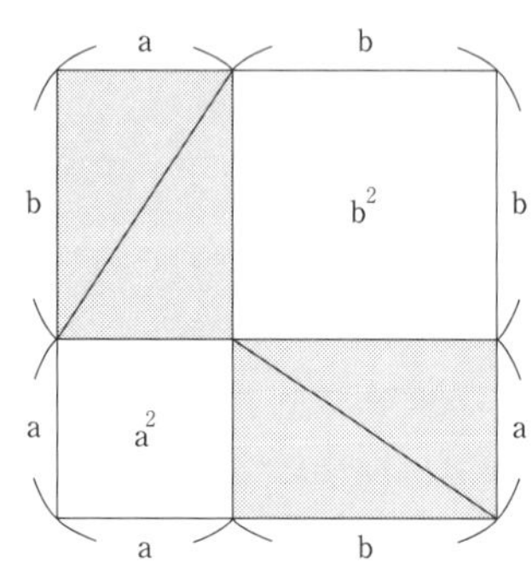

1 辺が (a + b) の正方形の面積は等しい……①

4 つの三角形の面積の和は等しい……②

①－②も等しいから
$c^2 = a^2 + b^2$

父　「次に『レオナルド・ダヴィンチ』が合同を用いて証明したものを述べるよ。これは付け足す図形もあり、長いので図と証明の概要を先に述べるよ。また証明の細部は1部省略するから。

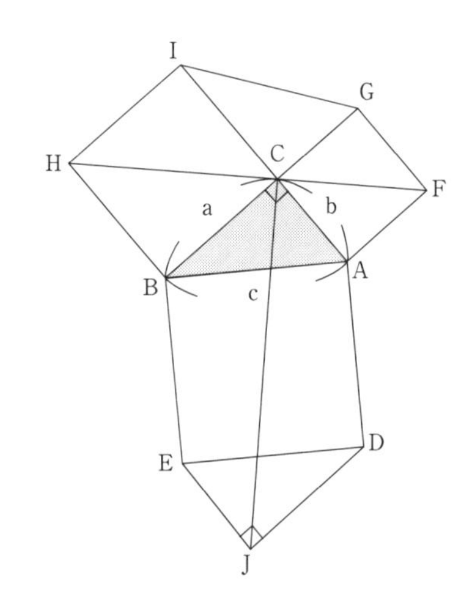

証明の概要(結論を⑤と番号をつけて逆順にしている)

⑤∠ C=90°の直角三角形において $c^2 = a^2 + b^2$(2つの正方形の面積の和は1つの正方形の面積に等しい)

④面積が同じ2つの六角形から面積が同じ三角形を3回引く

③4つの合同な四角形を組み合わせて面積が等しい2つの六角形を作る

②ＣＪとＨＦを結ぶ。△ＣＢＡと△ＣＩＧは線対称なので点ＣはＨＦ上にある

①直角三角形の各辺を一辺とする正方形を作る。ＩとＧを結ぶ。△ＣＢＡと合同な△ＪＤＥを作る

証明

①∠Ｃ = 90°の直角三角形において各辺を1辺とする正方形を作る。点Ｉと点Ｇを結ぶ。

次に△ＣＢＡと合同な△ＪＤＥを作る

②ＣＪとＨＦを結ぶ。△ＣＢＡと△ＣＩＧは線対称なので点ＣはＨＦ上にある

③ここで、四角形ＣＢＥＪ，四角形ＪＤＡＣ，四角形ＨＢＡＦ，四角形ＨＩＧＦはともに合同になる。例えば四角形ＣＢＥＪ,四角形ＪＤＡＣにおいて、

ＣＢ＝ＪＤ　∠ＣＢＥ＝∠ＪＤＡ＝ 90°＋∠Ｂ　　ＢＥ＝ＤＡ

∠ＢＥＪ＝∠ＤＡＣ＝ 90°＋∠Ａ　ＥＪ＝ＡＣ　ＣＪは共通より合同。

あとの四角形も同様

実は「四角形の合同条件」は三角形の合同条件を発展させ、次の三つである。

・4辺と1角
・3辺とその間の2角
・2辺とそのはさむ角と両端の角

④③の合同な四角形を2つずつくっつけた六角形ＣＢＥＪＤＡと六角形ＨＢＡＦＧＩの面積は等しい。この2つの六角形ＣＢＥＪＤＡ、六角形ＨＢＡＦＧＩに共通する△ＣＢＡと合同な△ＤＥＪと△ＩＧＣをそれぞれ引く。すると残った図形から正方形ＢＥＤＡの面積＝正方形ＣＡＦＧの面積＋正方形ＨＢＣＩの面積

⑤よって $c^2 = a^2 + b^2$

回りくどい感じもするがまず⑤～①の順に読み、筋書きを知ってから①～⑤を図を見ながら確認すればわかるよ。多少記号を読むのに根気がいるけどね」

E3 補足コラム

あなたも4次元直方体が想像できる

3章Aで4次元の事を少し取り上げた。4次元は難しそうだが、2次元から3次元への変化から類推すればできる。

まず三角形の面積は「$\frac{1}{2}$×底辺×高さ」であり三角すいの体積は「$\frac{1}{3}$×底面積×高さ」である。三角すいの体積は数Ⅲの積分に出て来る。では4次元三角すいの超体積(縦、横、高さ、にもう一つ加わる)はどうか。それは規則性から「$\frac{1}{4}$×底体積×高さ」となり積分で確かめられる。

次に4次元直方体の頂点、辺、面、胞(ほう)(3次元の立体)の数を求めてみよう。4次元直方体は3次元の直方体が面で囲まれているように、直方体で囲まれているのだ。下の図を参考にしてほしい。

2次元→3次元

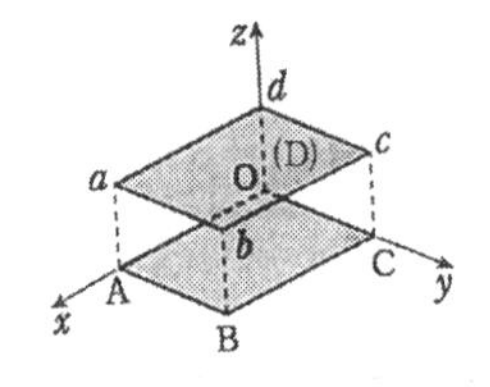

3次元→4次元

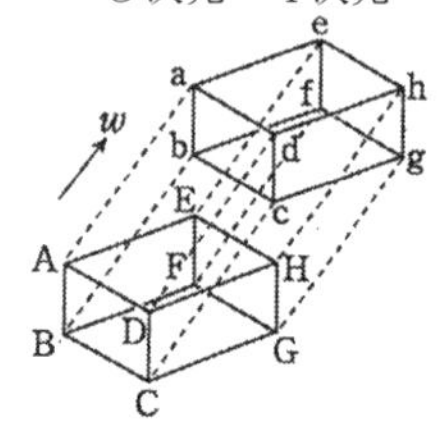

まず準備体操として2次元の長方形 $ABCD$ を z 軸方向に平行移動して直方体を作る。この時、長方形の頂点、辺、面がどう変化して直方体になったかを見る。頂点は元の長方形とできた長方形から4×2＝8個。辺は元の長方形とできた長方形で8個、あと4頂点の移動で4個、合計12個。面も同様に2個と4つの辺の移動で4個、合計6個。

では直方体 $ABCDEFGH$ を架空の w 軸方向に平行移動して4次元直方体を作る。w 軸は x 軸、y 軸、z 軸に垂直で、現実には作れないが。まず頂点は元の直方体とできた直方体の合計で8×2＝16個。辺は元とできた直方体で12×2＝24個、これに8個の頂点の移動で8個でき、合計32個。面は元とできた直方体で6×2＝12個、これに12個の辺の移動で12個でき、合計24個。最後に胞は元とできた直方体で2個、これに6個の面の移動で6個でき合計で8個。結局頂点16個、辺32個、面24個、胞8個。ここで個数に着目すると「頂点＋面＝辺＋胞」(＝40)が成り立ちこれが4次元の多面体定理である。3次元の多面体定理は「頂点－辺＋面＝2」で、直方体で確認すると8－12＋6＝2となる。

4B 1

45° の活用で木の高さを測る

A 君がよく行く公園には高い木が地面に垂直に立っている。木の周りは広く平らな地面である。木の高さを測りたいが、サルの様に木に登る事はできない。学校帰りなので、カバンの中には２枚の三角定規が入っている。A 君の１歩の歩幅は約 80cm。A 君の目の位置は地面から 1.5m とする。三角定規と歩幅と歩数からこの木の高さを測るにはどうすればいいだろうか？この問題は江戸時代の数学の本「塵劫記（じんこうき）」にある。「塵劫」とは数えきれないくらいの大きな数という意味である。

解答

45°の直角三角形定規を目の高さに持ち、木の下から下がって行き、下の図のように45°の先に木のてっぺんが来るところまでさがる。この時歩数も数える。例えば、20歩で求める点まで来たとすると、木の高さは0.8 × 20 + 1.5 = 17.5メートルとなる。

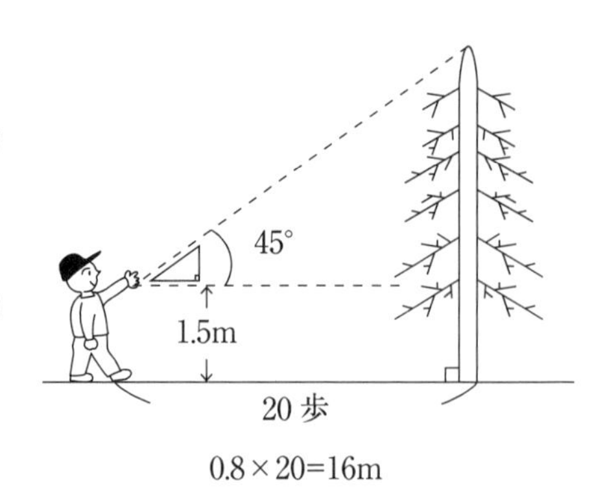

解説

45°が関わる話を２つする。

１つ目は雷と木の話である。雷が鳴った時に大きな木(４メートル以上20メートル以下)のすぐ下に隠れるのは危険である。それは側撃(そくげき)と言って、木に落ちた雷が樹木や岩より電気の通りやすい人体を流れるからだ。ではどうすればよいのか。それは下の図のように木のてっぺんから45°の内側でかつ木から４メートル以上離れた場所に隠れる事である。この範囲を保護範囲と呼んでいる。

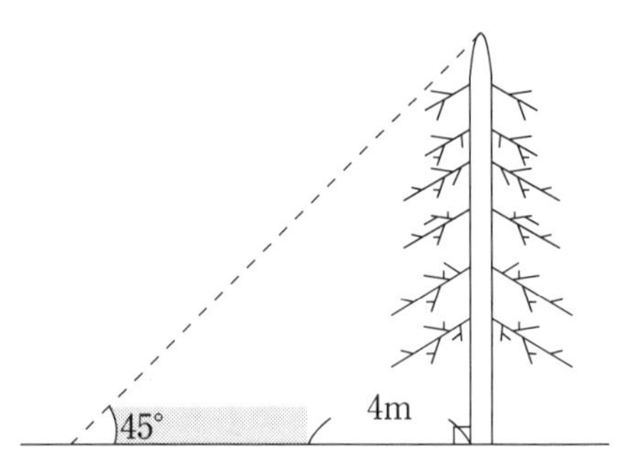

２つ目は野球やサッカーなどでいかにボールを遠くに飛ばすかの話である。空気抵抗がなければ、45°の角度で飛ばせばよい。それは水平距離と鉛直方向の関係を三角関数に直して求めると $\sin 2\theta$ の最大値を求める事に帰着され、$\sin 2\theta = 1$ すなわち $2\theta = 90°$ から $\theta = 45°$ となる。しかし実際は空気抵抗があるのでもう少し小さい角度、35°から40°の範囲で飛ばせばよいと言われている。

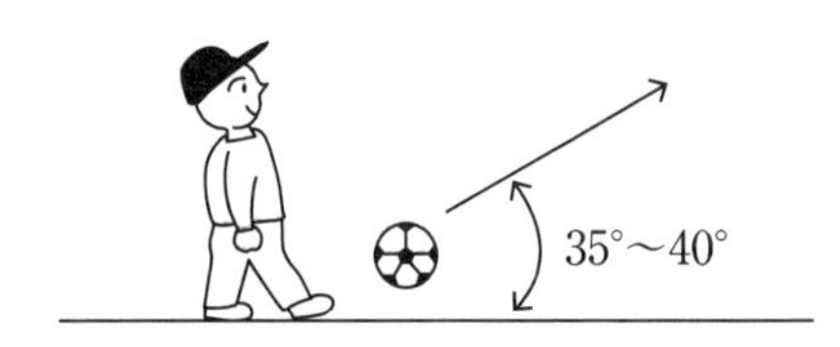

4B 2

正方形に内接する円に内接する正方形の面積

下の図の様に1辺の長さが10cmの正方形の中に円が内接している。そしてその円の中に正方形が内接している。このとき円に内接している正方形の面積はいくらか。

これは直角二等辺三角形(45°の性質)の辺の比からも求められるが、円の性質を用いて(回転させると)簡単に求められる。

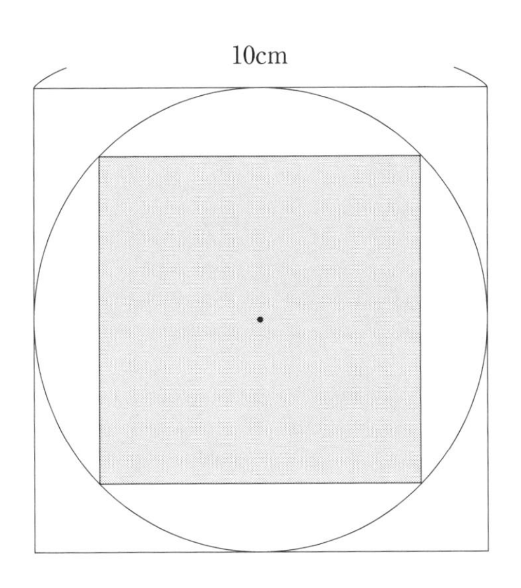

解答

まず直角二等辺三角形の辺の比で求めてみる。右の図の様に、斜辺の長さを1にした場合直角をはさむ辺の長さは$\frac{1}{\sqrt{2}}$になる。

よって円の半径は5㎝だから、

円に内接している正方形の1辺の長さは

$\frac{5}{\sqrt{2}} \times 2 = \frac{5}{\sqrt{2}} \times \sqrt{2} \times \sqrt{2} = 5\sqrt{2}$　(ここで$2 = \sqrt{2} \times \sqrt{2}$を用いた)

すると面積は$(5\sqrt{2})^2 = 5 \times 5 \times \sqrt{2} \times \sqrt{2} = 25 \times 2 = 50$㎠となる。

しかし円に内接している正方形を45°回転させてみると、下の図の様になる。すると補助線を2本引いて$\frac{1}{4}$ずつに分けてみる。すると明らかに$\frac{1}{4}$の図形を見れば外側の正方形の面積の半分が内側の正方形の面積となり、$10 \times 10 \times \frac{1}{2} = 50$㎠となる。

解説

円の性質に関連して「マンホールの蓋(ふた)はなぜ円なのか」という問いがある。正方形ならばどんな不都合が生じるか考えれば理解できる。

正方形の蓋だと対角線方向に持って行くと穴に落ちてしまうからである。円ではそんなことはない。

類題として右の図は正三角形の中に円が内接していて、そのまた中に正三角形が内接している。

内側の正三角形の面積は外側の正三角形の面積の何分の1になるか。

(180°回転させると$\frac{1}{4}$であることがわかる)

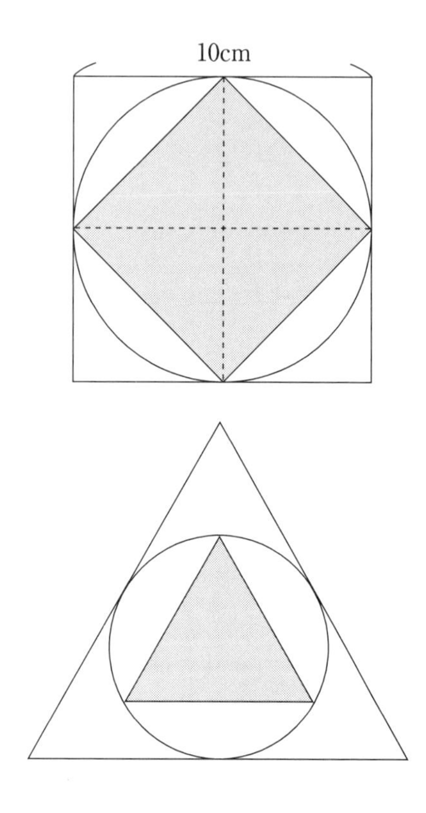

4B 3

堀の深さを水面の上に出ている草を使って測る

A 君は学校のそばにある堀にサッカーボールを落としてしまった。この堀は思ったより深そうで、あとで棒の先に網をつけ取り上げるつもりだ。長い棒を探して深さを測ろうとすると数学が得意なＣ君が堀の底から垂直に生えていて、水面に頭を出している草を見て、「これと三平方の定理を使って測れる」と言った。Ｃ君はどうやって測るのか。

ヒントとして下の図の様になっている。堀の深さ x を三平方の定理を使って求めてみよう。

三平方の定理とは右図の様に直角三角形において $c^2 = a^2 + b^2$ が成り立つ。また２乗の展開公式 $(x + y)^2 = x^2 + 2xy + y^2$ も用いる。

a

c　　b

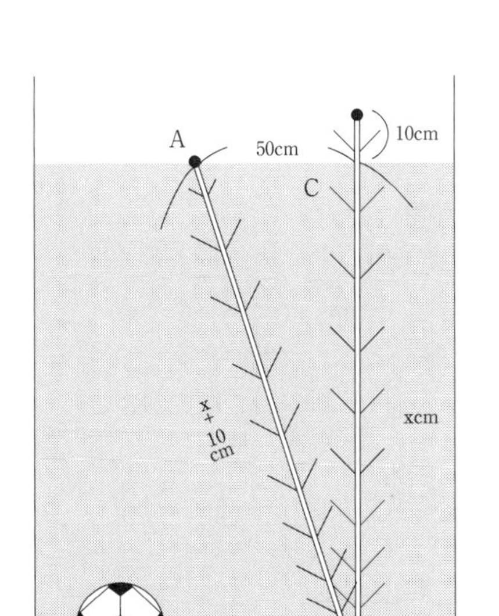

解答

まずC君は草の先が水面より何cm上にあるかを測った。(10cm)次に草の先を水面ぎりぎりまで横に持ってきてその時に元の位置と何cm離れているかを測った。(50cm)

三角形 ABC は直角三角形なので、水面からの堀の深さを x とすると、三平方の定理が使え $(x+10)^2=x^2+50^2$

左辺を展開すると $x^2+2\times x\times 10+10^2=x^2+50^2$

ここで x^2 が消えてくれて、整理をすると $20x=2400$

$x=120$

よって堀の深さは120cmである。

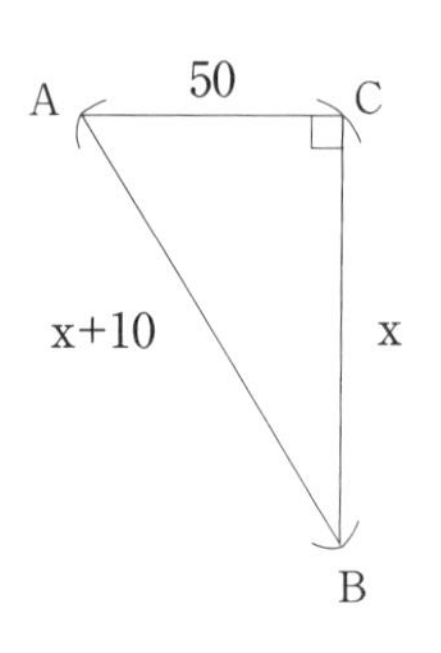

解説

三平方の定理を使ってもう1問解いてみよう。問題のタイトルは「富士山の頂上から理論的に日本海は見えるか」だ。下の図において地球の半径は赤道半径と極半径は多少違うが6378.1kmとし、富士山の高さは3776mだが、ここでは近似計算での位合わせで3.8kmとする。三平方の定理を使って、図の x を求めればよい。

$x^2=(6378.1+3.8)^2-6378.1^2=6378.1^2+2\times6378.1\times3.8+3.8^2-6378.1^2\fallingdotseq48488.0$

$x=220.2$ km(電卓の√機能を使う)

ここで富士山と日本海に面した町糸魚川との距離はおよそ200km。すると途中に山がなく雲もなく霞んでなければ、日本海は見える事になる。

ただ今 x を求めたが、本当は図の弧DBの距離である。

角 θ のタンジェントを求めると $\tan\theta=\frac{220.2}{6378.1}=0.0345$ 三角関数表より $\theta\fallingdotseq2°$ よって $DB\fallingdotseq2\times3.14\times6378.1\times\frac{2}{360}=222.5$ kmとなる。実際は蜃気楼(しんきろう)のような空気の屈折もあり、320kmも離れた和歌山県の山も見えると言う。

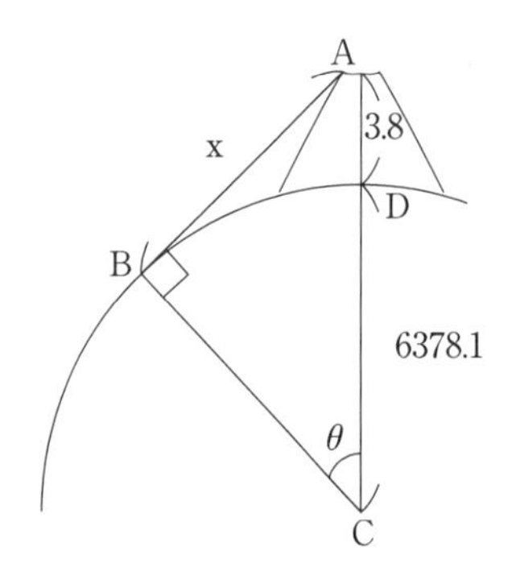

4B 4

水汲みに川まで行くときの最短距離

A 君のお父さんは川の近くの土地を借りて家庭菜園を行っている。今、自宅からバケツを持って川に行き水をくみ、そのあと家庭菜園へ行く。位置関係は下の図のようになっている。川の水をどこでくめば家庭菜園までの最短距離となるか。ヒントとすれば、2 点を通る最短曲線は直線であることと対称性を用いる。

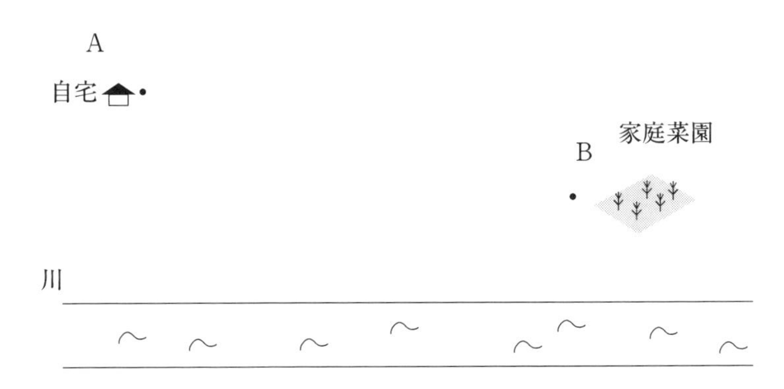

解答

まず記号を付ける。自宅を A、家庭菜園を B とする。自宅側の川岸を直線 l とする。次に直線 に関して B と対称な点を B' とする。ここで A と B' を結ぶ。直線 l と直線 AB' の交点を C とする。すると A ⇒ C ⇒ B が求める最短距離となる。なぜなら 2 点 A、B' を結ぶ最短距離は直線 AB' であり、CB=CB' より AC+CB' =AC+CB となるからである。

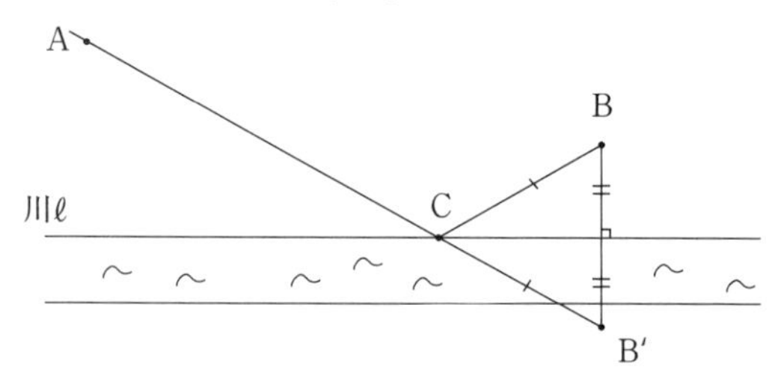

解説

この問題はよく見かけるが実際にはもっと川幅が広かったり、そもそも川の反対側に行けない場合に C をどう見つけるかである。A,B と同じ側だけで C を見つける方法がある。それには相似と平行線の性質を用いる。

下の図のように A から川に垂線を下し交点を D とし、B から川に垂線を下し交点を E とする。また A と川との対称点を A' とする。A' を B を結び ℓ との交点を C とする。

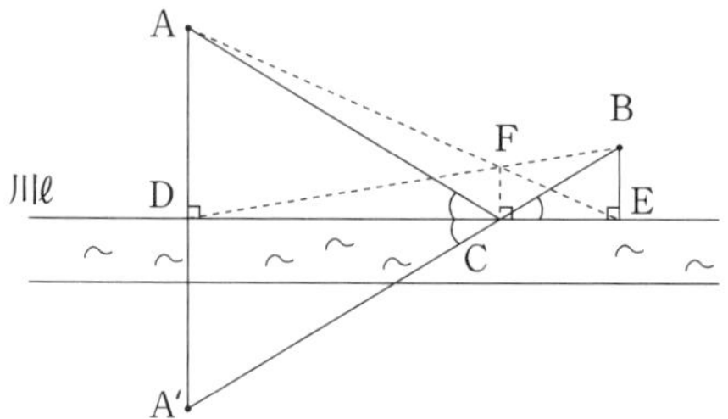

ここで△ADC∽△BEC なぜなら対頂角と対称性から∠ACD=∠A'CD=∠BCE

∠ ADC= ∠ BEC=90°

よって AD:BE=DC:EC ゆえに点 C は DE を AD:BE に内分する点として求めればよい。

もっと簡単に点 A と点 E とを結んだ線と点 B と点 D とを結んだ線の交点を F とする。この点 F から川に垂線を下した点が実は求める点 C になる。それは△ AFD ∽△ BFE なぜなら AD // BE より∠ DAF= ∠ BEF, ∠ ADF= ∠ EBF また AD // FC と△ AED に着目して AD : BE=AF : FE=DC : CE。

4B 5

池の水草の増え方

生命の息吹きを感じる春、A君の家の近くの小さな池に1株の水草が浮かんでいた。この水草は生命力が強く昨年の経験から、30日後に池いっぱいに咲く。増え方は1日後に2倍、2日後に$2^2=4$倍、3日後に$2^3=8$倍のように増えていく。

(1) では池の半分を占めるのは何日後か。

(2) 初めに2株あったとき、池いっぱいに咲くのは何日後か。

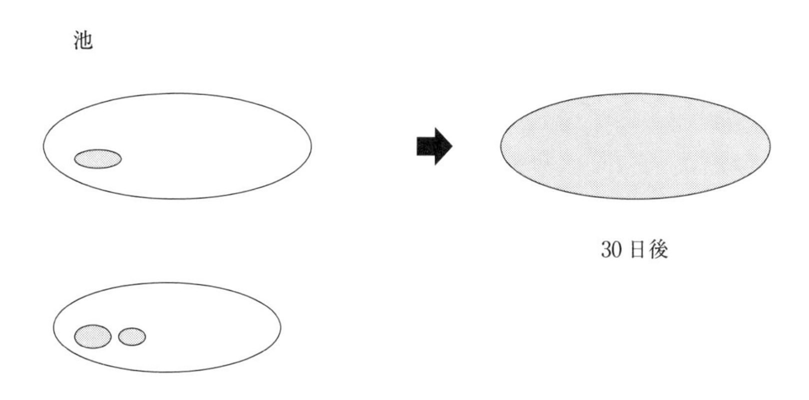

解答

⑴　素直に最初から考えていってはできない。逆から考えれば簡単で、１日で倍に増え、30 日後に池いっぱいになるから、半分になるのは 29 日後である。

⑵　これを比例計算して、30 ÷ 2 =15 日後ではない。これは倍々に増えていく。(数学では等比数列)元の１株の水草は２日後に２株で、それが 30 日後に池いっぱいになるから、30 − 1 =29 日後になる。

解説

逆向きに考える事は数学でよく使う。例えば図形の証明問題は結論が分かっているので、その１つ手前、２つ手前を考えることによって方針が見えてくる場合が多い。

次の問は 1977 年の京都大学の入試に出た難問だ。これも逆向きに考えていく。

問　サイコロを３回まで振る事ができる。この時最後に出た目の数を得点とする。1 回目の目を見て２回目を振るかどうか決め、２回目の目を見て３回目を振るかどうか決める。この時どんな基準に従って２回目、３回目を振れば１番高得点を期待できるか。

解　逆にまず３回目を振るかどうかの基準を作る。

普通に３回目を振ると、その得点の平均は $1\times\frac{1}{6}+2\times\frac{1}{6}+\cdots+6\times\frac{1}{6}=3.5$ だ。

すると２回目での目が３以下ならば３回目を振るべきで、４以上なら２回目でやめるべきである。

次に２回目を振るかどうかの基準作りをする。２回目に 1, 2, 3 がでたときは３回目をふるので、この時の平均は 3.5 だ。２回目に 4, 5, 6 が出たときにはそこでやめるから、２回目以降の平均値は $3.5\times\left(\frac{1}{6}+\frac{1}{6}+\frac{1}{6}\right)+4\times\frac{1}{6}+5\times\frac{1}{6}+6\times\frac{1}{6}=4.25$

この 4.25 の値から１回目に４以下が出たら２回目を振って、5, 6 ならばそこでやめるべきである

まとめると	1 回目の判断基準	1,2,3,4　2 回目を振る	5,6　ここでやめる
	2　〃	1,2,3　3 回目を振る	4,5,6　ここでやめる

この結果を男女の出会いに無理やり当てはめる。３回チャンスがあって良いと思われる異性に出会ったらそこでやめるとする。その良さのレベルを１～６として、その存在割合も同じとする。上の結果から戦略として回数が増えると数値を下げて、妥協していかなければならない。

4B 6

丸いチョコレートが付いているケーキを半分に切る方法

問1　Ａ君はＢ子さんの誕生日にケーキを買った。しかし懐具合（ふところぐあい）から安いケーキで、長方形のケーキの上にクリームと真ん中からずれたところに丸いチョコレートがのっただけだ。しかもチョコレートの下にはクリームはない。このケーキを見たＢ子さんは、やや不機嫌そうに「包丁で真っ直ぐに２つに切ってチョコレートとクリームが同じになる様にね」と言った。下の図の様なケーキをどう切ればよいか。

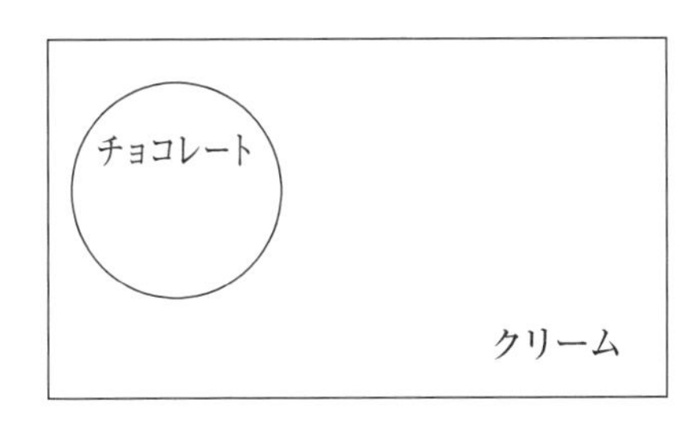

問2　Ｂ子さんはＡ君とピクニックに行くことになり、早朝２種類の大きさの違うサンドイッチを作った。まな板の上に２種類のサンドイッチが下の図の様にずれて置いてある。Ａ君が車で来ていて、すぐに包丁で２種類のサンドイッチを半分ずつに切らなければならない。このままの位置のサンドイッチをどう切ればいいのか。

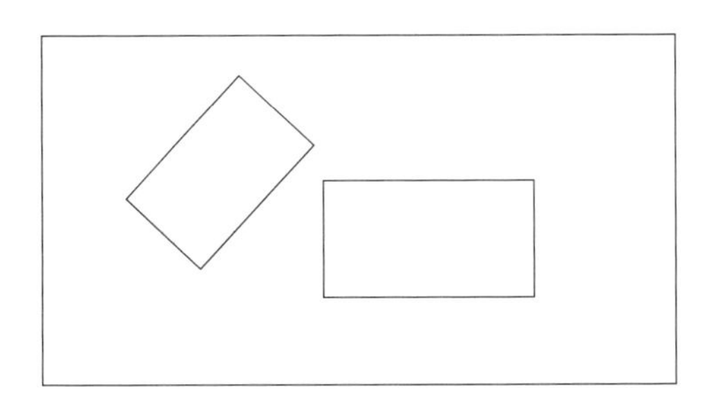

解答

問１　円も長方形も中心に関して点対称である。すると円の中心と長方形の中心とを結んだ直線で切ると、それぞれの面積は半分になる。ここで多少問題になるのは、はたして形の違うクリームの部分の面積は半分になるのか。２つのクリームの部分をP,P'、長方形の部分をQ,Q'、チョコレートの部分をR,R'とする。するとQ＝Q'、R=R'で、P=Q－R,P'＝Q'－R'より、P=P'となる。言わば閉鎖系の中で間接的に面積が等しい事が言える。

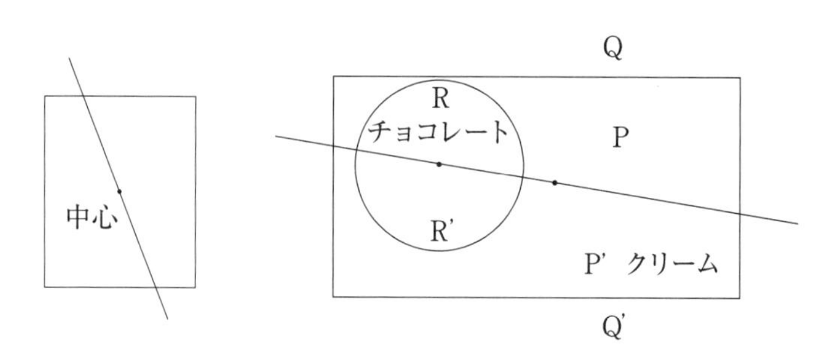

問２　これも下の図の様に２つの長方形の中心を結んだ直線で切ればよい。

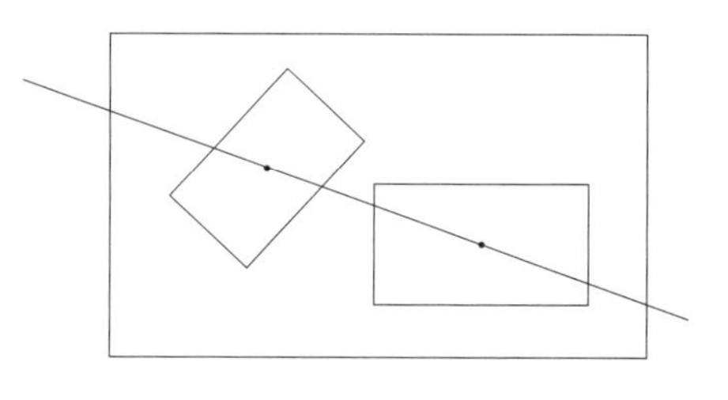

解説

問２に関して「パンケーキの定理」と呼ばれる定理がある。それは「２枚のパンケーキA,B（どんな形でもよい）があり、１回のナイフカットで２枚とも同時に２等分する直線が存在する」である。

この定理は存在定理であり、その直線を求める具体的な方法を示してはいない。証明に用いるのは数Ⅲにある中間値の定理である。この定理の３次元版として「ハム・サンドイッチの定理」もある。それは「ハム１枚とそれをはさむ上、下のパンがある。１回のナイフカットでそれぞれの体積を二等分する平面が存在する」である。

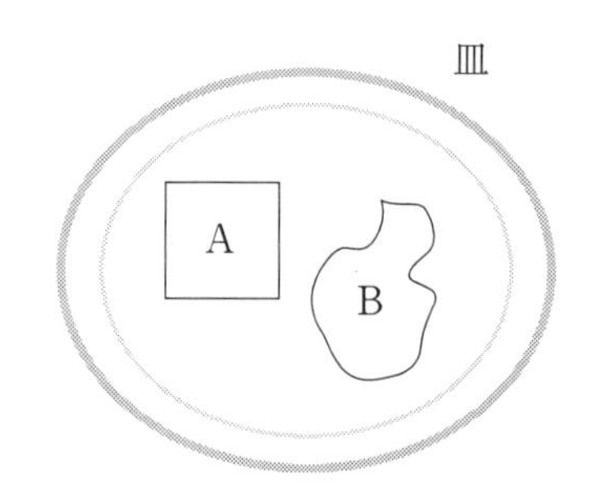

4C 1

円周率πはどうやって何兆桁まで求めるのか

コンピューターを使って円周率πは何兆桁までも求められている。πのおおよその値は、土木建築のために大昔から知られていた。例えば紀元前2000年ごろの古代バビロニアでは$\pi \fallingdotseq 3\frac{1}{8} = 3.125$が使われていた。紀元前250年ごろの数学者アルキメデスは半径1に内接する正96角形の周の長さから$3\frac{10}{71} < \pi < 3\frac{1}{7}$を示している。

ここでπの覚え方として「産医師異国に向こう産後厄なく産婦みやしろに…」（3 1 4 15 9 2 6 5 3 5 89 7 9 3 2 3 8 4 6 2）がある。英語は日本語のように語呂合わせができないので単語の文字数で覚える。それは「Yes,I know a number」で文字数が3, 1, 4, 1, 6（最後の6は四捨五入）となっているし、文章の意味も「はい、私は1つの数を知っている」となっていて、「,」は小数点でもある。

内接円に関して東京大学の2003年の入試問題に「円周率は3.05より大きいことを証明せよ」があった。円周率が3より大きいことは半径1の円に内接する正六角形の周の長さを調べれば小学生でもわかる。たった0.05の違いだがこれは内接する正十二角形の辺の長さと三角関数の加法定理を用いる。専門的になるが上に簡単に証明を載せる。

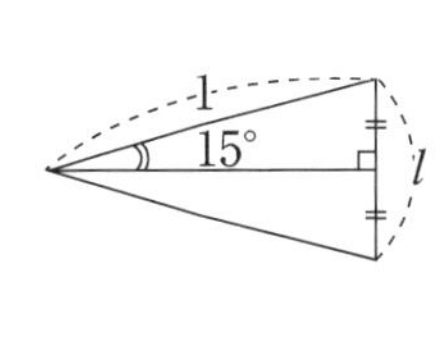

$\ell = 2\sin 15^\circ = 2\sin(45^\circ - 30^\circ)$
$= 2(\sin 45^\circ \cos 30^\circ - \cos 45^\circ \sin 30^\circ)$
$= \dfrac{\sqrt{6}-\sqrt{2}}{2}$ $\sqrt{6} \fallingdotseq 2.449$, $\sqrt{2} \fallingdotseq 1.414$
ここで
$\sqrt{6}-\sqrt{2} > 2.44 - 1.41 = 1.02$
$2\pi > 12\ell$より$\pi > 6\ell > 3.06$

さてコンピューターを用いてどう計算すれば、何兆桁までも求める事ができるのか。それは微分積分の分野の1つである無限級数（無限の数列の和）を用いるのである。ここからは高校の数Ⅲ、大学1年の数学も使う。

まず文字式の割り算で$\frac{1}{1-x} = = 1 + \frac{1}{1-x}$、これを続けていくと、$-1 < x < 1$の時$\frac{1}{1-x} = 1 + x + x^2 + x^3 + \cdots$ ①となる。この①のxの代わりに$(-x^2)$とすると$\frac{1}{1+x^2} = 1 + (-x^2) + (-x^2)^2 + (-x^2)^3 + \cdots = 1 - x^2 + x^4 - x^6 + \cdots$ ②

この②の左辺と右端の辺を積分すると$\arctan x = x - \frac{x^3}{3} + \frac{x^5}{5} - \frac{x^7}{7} \cdots$ ③となる。ここで arctan とは tan の逆関数で、例えば$\tan 45^\circ = 1$の時$\arctan\ 1 = 45^\circ = \frac{\pi}{4}$である。ここの$\frac{\pi}{4}$は円弧の長さから角度を表す単位（弧度法）を用いている。基本は$180^\circ = \pi$であとは比例が成り立つ。実は③の式は$x=1$でも成り立ち、両辺に$x=1$を代入すると、$\arctan 1 = \frac{\pi}{4} = 1 - \frac{1^3}{3} + \frac{1^5}{5} - \frac{1^7}{7} \cdots = 1 - \frac{1}{3} + \frac{1}{5} - \frac{1}{7} \cdots$ ④（ライプニッツの公式）が求められる。ただしこれは精度が悪く、$\arctan \frac{1}{\sqrt{3}} = \frac{\pi}{6}$から$\frac{\pi}{6} = \frac{1}{\sqrt{3}}\left(1 - \frac{1}{3\cdot 3} + \frac{1}{5\cdot 3^2} - \frac{1}{7\cdot 3^3} + \cdots\right)$の方が精度は高い。

4D 1

『悪魔の証明』とは何か

『悪魔の証明』とは、ある事実、現象が全くない、なかったということを証明することが非常に困難である事に由来する。

例を2つ挙げる。ブラックスワン(黒い白鳥)は人々のあいだでずっと存在しないと言われてきた。しかしオーストラリアで偶然発見された。世の中を隅々まで探さなければ存在しない事の証明は難しい。ただしブラックスワンという言葉は経済において小さな確率だが大きな衝撃を与える出来事の代名詞として使われている。

2つ目は頭脳を競う高校生のクイズ大会でこんなイエス、ノー問題が出題された。「穴あき硬貨は日本の5円、50円硬貨以外に今まで世界中にあったか、なかったか」その高校生は瞬時に「あった」とした。司会者に理由を尋ねられると、「もしなかったとすると、その証明のために世界中の国の昔の歴史まで全て調べなければならず、そんなことは簡単にできないから」と答えた。さすがは賢い高校生。悪魔の証明を逆手に使っている。ちなみに穴あき硬貨はデンマークにある。

なぜ悪魔の証明を取り上げたかといえば、ある政治家が答弁で「ご飯論法」を多用して、論理のすり替えを行っているのに、「ないことを証明しろ」と言われると「それは悪魔の証明ですから難しい」と切り返してくる。論理学を自分の都合に合わせて無視したり、活用している。補足すると「ご飯論法」とは法政大学の上西充子教授が言った言葉で、「朝ご飯食べましたかと聞かれて、パンを食べたけれど、白米や玄米などのご飯は食べなかったので食べてきませんでした」と答えるごまかし論法である。

政治家が「ご飯論法」を多用しているのは、結局それを聞いている庶民の論理レベルがその程度だからと思っている節がある。言葉だけだとその定義や運用において、ごまかす余地が広くなる。高校数学の数学Iで「集合と命題」を学ぶが表面的で、それが実生活の思考に十分に生かされているとは言いがたい。

論理を理解する際に簡単な図を頭の中に描く事が重要となる。例えばこんな話がある。アメリカ大統領リンカーンが演説で黒人の奴隷解放を訴えた。すると聴衆の一人が「そんなに言うなら黒人の女を妻にしろよ」と。

リンカーンはすかさず「私は人間として黒人も白人も同じだと言っているのです。妻とするには人間としてだけでなく別の要素も加わる」と。

これを図で描けば右の様になる。リンカーンは丸太小屋での生活など貧しい環境で育った。しかし論証に興味を持ち幾何学の本を大切にしていて、後に弁護士になった時にそれが役に立ったと言う。

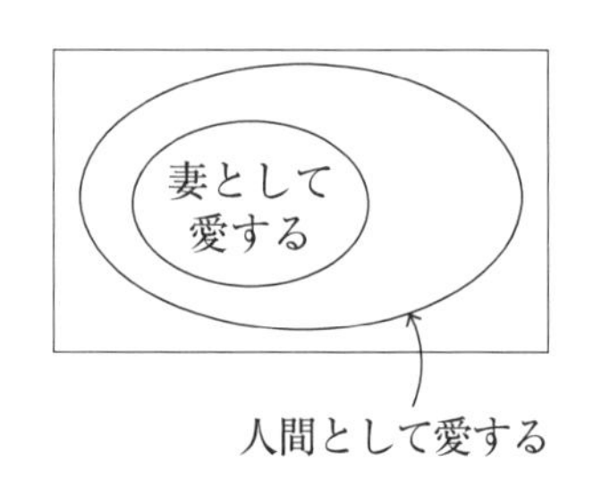

5章 A

色々な見方・考え方と統計

(1)公式は a,b ではなく○，△として覚える

姉　「中学まで数学は公式さえ覚えておけばなんとかなると思っていたけど、高校に入ったらその公式も10倍くらいに増えたし、覚えてもそのまま使えなかったりして大変。特に高校の三角関数なんかいっぱい出て来る」

父　「数学は公式を覚えて代入するだけと思っている人も多い。しかしその公式を表面的ではなくその奥にある本質まで理解していないと完全には使えない。簡単な例として展開公式 $(a+b)^2=a^2+2ab+b^2$…①と $(a-b)^2=a^2-2ab+b^2$…②は中学校から学んでいる。因数分解の公式 $a^2-b^2=(a+b)(a-b)$…③もそうだ。こんな問題はどうだい。

問1　$(2a+3b)^2$ を展開せよ。問2　$9x^2-16y^2$ を因数分解せよ」

姉　「$(2a+3b)^2=2a^2+12ab+3b^2$ かな。$9x^2-16y^2=(3x+4y)(3x-4y)$ だね」

父　「公式の文字 a,b にどうしても目がいって、その奥にある本質が見えていない生徒が多いね。①は $(○+△)^2=○^2+2×○×△+△^2$ と覚えた方がいい。するとさっきの展開の問題は○に、$2a$ △に $3b$ が入るから、$(2a+3b)^2=(2a)^2+2×(2a)×(3b)+(3b)^2=4a^2+12ab+9b^2$ となるね。ここで○、△は（　）でくくる事になる。③も $○^2-△^2=(○+△)(○-△)$ と覚えれば、○に $3x$、△に $4y$ が入るから直子の答で合っているが、○と△に何が入っているかをはっきりと意識することが大事だ。①の○に a を△に $-b$ を代入すれば、②が出て来るから、覚える公式は減らせる。三角関数でも大切な公式 $tan\,\theta=\frac{sin\,\theta}{cos\,\theta}$、これも $tan\,○=\frac{sin○}{cos○}$ と覚えれば、○に同じ何かを入れても成り立つ。例えば $tan(90°-\theta)=\frac{sin(90°-\theta)}{cos(90°-\theta)}$ のように。

　加法定理の $sin(\alpha+\beta)=sin\,\alpha\,cos\,\beta+cos\,\alpha\,sin\,\beta$ も $sin(○+△)=sin\,○\,cos\,△+cos\,○\,sin\,△$ と覚えておき、△に $-\beta$ を入れれば、$sin(\alpha-\beta)=sin\,\alpha\,cos(-\beta)+cos\,\alpha\,sin(-\beta)$ が出て来るし、△に α を代入すると2倍角の公式 $sin\,2\alpha=2sin\,\alpha\,cos\,\alpha$ が出て来る」

妹　「私は $x^2=3$…①から $x=\pm\sqrt{3}$ は分かるんだけど、高校入試に出て来る $(x-4)^2=3$…②の解き方がわからないの。①の x と②の x が同じに見えるのが問題なのかな」

父　「そうだね。①は $○^2=3$ のとき $○=\pm\sqrt{3}$ と見る。すると②は○の中に $x-4$ が入るから $x-4=\pm\sqrt{3}$ となり、$x=4\pm\sqrt{3}$ だ」

妹　「わかった。数学って頭が固いとできないのね。○とか△とか少しゆるく見るんだ」

父　「違った視点から公式に関する注意をしておく。2次関数で頂点の座標は大切だ。中学では頂点が原点（0,0）の場合しか扱わなかったが、高校では一般の点が頂点になる。公式として $y=a(x-p)^2+q$ のグラフの頂点の座標は（p,q）とある。ところが皮肉なことに簡単な $y=3x^2$ のグラフの頂点がこの公式のおかげで逆に分からなくなる生徒がいる。$y=3(x-0)^2+0$ と0を補足して見れば、頂点の座標が（0,0）である事がわかるのだが。公式を柔軟に見ないとできないんだ」

⑵　動く物は一方を固定して考える

父　「動く物が二つあるときに、一方を固定して考える事は数学ではよく使う。5B（クイズ）にも入れておいたよ。ついでにこんな問題はどうだい。」『今A君、B子さん、C君の3人がじゃんけんをする。その決まり方の構造はどうなっているか。また3人のうち1人だけが勝つ確率を求めよ。ヒントとして出し方を考えると全部で3×3×3= 27 通りある。こんな時も固定して考え、対称性も活用する」

兄　「27 通りもあって考えるのは大変だ」

父　「今A君はグーと固定すると次の表のように9通りだ。対称性よりチョキ、パーの時も同様だ。

A	B	C	勝ち負け
グー	グー	グー	3人同じあいこ
グー	チョキ	パー	3人違うあいこ
グー	パー	チョキ	3人違うあいこ
グー	チョキ	チョキ	A君1人勝ち
グー	グー	チョキ	A君2人勝ち
グー	チョキ	グー	A君2人勝ち
グー	パー	パー	A君1人負け
グー	グー	パー	A君2人負け
グー	パー	グー	A君2人負け

この表を見れば、A君がチョキやパーを出したときも勝ち負け、あいこの確率も同様になるのでグーだけの場合で全体が分かる。例えば『トランプの問題で絵札の出る確率を求めよ』とある時、全部を調べなくとも、確率を出すだけならその比率は同じだから、ハートの 13 枚だけで考えてもいい。

まず全体の構造はこうだ。27 通りのうち、あいこになるのは9通り（ただし、そのうち3人が同じなのは3通り、3人とも違うのが6通り）3人のうち誰か1人だけが勝つ（2人負け）のが9通り、2人が勝つ（1人負け）のが9通りとなる。3人のうち1人だけ勝つ確率は結局$\frac{9}{27}=\frac{1}{3}$になるね」

父　「さっき2次関数$y=a(x-p)^2+q$の頂点の話をしたよね。例えば2次関数$y=x^2-4x+7$…①を変形して$y=(x-2)^2+3$…②として頂点を求めたりする。これも①の式ではx^2と$-4x$と変化するxが2ケ所ある。でも②の形に変形することで変化するxは（$x-2)^2$の1ケ所になる」

(3)　1対1の対応を使って数えやすい方を数える

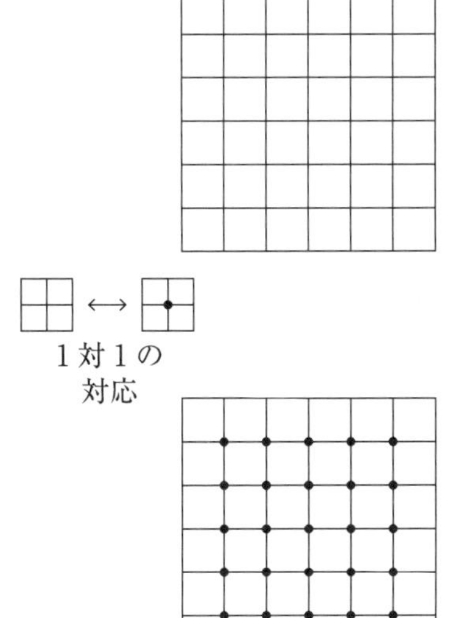

父　「数学Aの『場合の数』の分野で大切な考え方が『1対1の対応』だ。2つの集合が1対1に対応している場合に、その総数は同じだから数えやすい方を数える。数学でいうところの『集合』とは『範囲がはっきりしたものの集まり』だ。例えば背の高い人の集まりは集合と呼ばない。秀夫どうしてだ」

弟　「背の高い人といっても180cm以上かもしれないし、バレーボールやバスケットボールの世界じゃ200cm以上かもしれないから」

父　「そうだね。まず目で見て分かりやすい例をやってみる。右の図の中に田の正方形は、何種類あるか」

妹　「半分重なっている正方形もあるから数えるのは大変よ」

母　「1対1の対応を使うのよ。田と真ん中の点は1対1に対応するから、数は同じになる。真ん中の点の数は5×5= 25だから正方形の数も25個になるの」

妹　「お母さん、賢い。数学はずる賢いね」

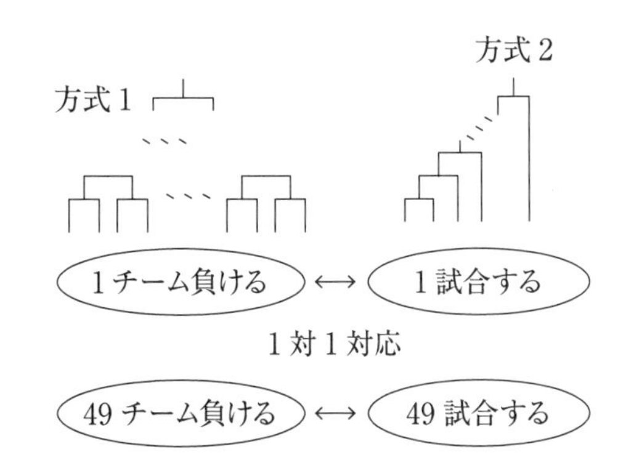

父　「剛君は野球部だったので、野球の試合数の話をしよう。今、50チームがトーナメント形式で優勝チームを決める。甲子園の高校野球の様に。引き分けはないとして、優勝が決まるまでに、何試合するか」

兄　「1回戦をやらず、2回戦から出

て来たり形は色々あるね」

母　「『数学はずる賢い』を使えばできそうだよ。『1試合する』と『1チーム負ける』は1対1に対応するね。すると50チームの中で1チームだけ優勝チームが決まるまでに、負けるチームは剛何チームある」

兄　「1チームが2回負ける事はなく1回だけ負けるから49チーム。そうか、するとどんな形のトーナメント形式でも49試合になるんだ。面白い」

父　「通子ちゃんはケーキが好きそうだね。こんな問題はどうだい。今、イチゴケーキ、チョコレートケーキ、チーズケーキの3種類のケーキが1個ずつある。この3種類のケーキを1個も食べない、1個だけ食べる、2個だけ食べる、3個とも食べると全ての選び方は何通りあるだろうか」

妹　「イチゴケーキをa、チョコレートケーキをb、チーズケーキをcとするよ。ついでに1個も食べないを『無』、3個とも食べるを『全』とするよ。すると、無,a,b,c,ab,bc,ca,全、で8通りかな」

父　「正解だ。集合を数える時の基本はもれなく、ダブりなく、だから規則性を意識して数えた方がいいね。今ケーキは3種類だったから数えられたけど、ケーキが5種類になったらどうだろう。数学はずる賢いから、発想を変える事と『1対1の対応』を使って考えてみよう。発想を変えるとは、さっきの3種類の時は、選ばれた結果を見たけれど、今度は全体の選び方、つまり動作に着目してみる」

母　「今ケーキをa,b,c,d,eとする。選ばれる事を○、選ばれない事を×とすると、下のような表になる。例えばa,bだけが選ばれた時は○，○，×，×，×となってこれは1対1に対応する。するとaが選ばれる、選ばれないで2通りで、b,c,d,eも同様だから、2×2×2×2×2＝32通りね」

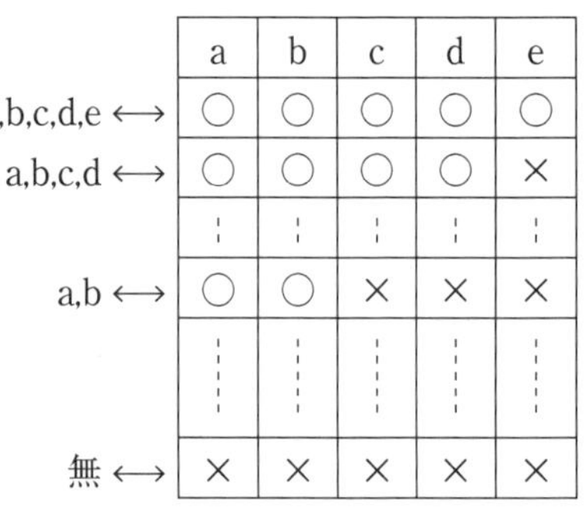

	a	b	c	d	e
a,b,c,d,e ⟷	○	○	○	○	○
a,b,c,d ⟷	○	○	○	○	×
	⋮	⋮	⋮	⋮	⋮
a,b ⟷	○	○	×	×	×
	⋮	⋮	⋮	⋮	⋮
無 ⟷	×	×	×	×	×

妹　「お母さん『場合の数』得意だね」

父　「『1対1の対応』の応用形もある。剛君、サッカーのボールには正五角形と正六角形は何枚ずつあるかな」

兄　「確か正五角形は12枚、正六角形は20枚です」

父　「それではサッカーボールの辺の総数はいくらかな」

兄　「わからないです」

父　「『2対1の対応』を使うんだ」

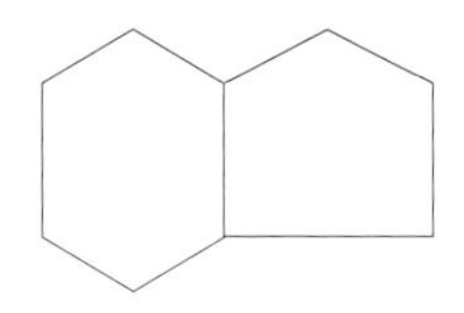

妹　「そうか正五角形や正六角形の辺2本でボールの辺1本になっているから(5×12＋6×20)÷2＝90本だ」

母　「通子、いいセンスだよ。数学楽しいでしょ」

⑷　データの代表値

父　「話は変わって年金に関して世帯別の貯蓄額が話題になっているね」

母　「グラフが左右アンバランスだと平均値は意味を持たない典型ね」

父　「少し古いけど『2012年の2人以上の世帯の貯蓄残高の世帯分布』のグラフを示すよ。横軸は基本100万円単位で貯蓄額、縦軸は世帯の割合(%)だ。ここで3つの代表値の説明をするよ」

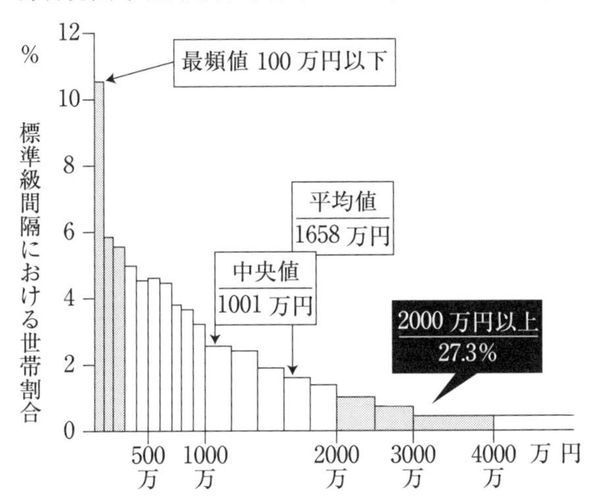

姉　「統計は看護でも出て来るから私がやる。まず『平均値』はいいよね。この場合、貯蓄の総額を世帯数で割ればいい。または階級値×度数を世帯数で割ってもいいのかな。『中央値』(メジアン)は大きさの順に並べたときの中央の値。個数が偶数の時は真ん中の2つの値の平均値か」

弟　「中央値の方が平均値より極端な値(外れ値)の影響は受けにくいね」

姉　「補足ありがとう。『最頻値(さいひんち)』(モード)は最大度数を持つ階級の階級値よ」

弟　「よくアンケートで、好きは3点、どちらでもないは2点、嫌いは1点として、その平均点を出す。でも、元々3つの評価は等間隔じゃないから平均点は意味がなく、意味があるとすれば、その度数だけで最頻値が唯一の代表値だね」

父　「直子、秀夫ありがとう。次に標準偏差の話をするよ」

⑸　標準偏差(平均からの離れ具合を表す単位)について

父　「統計で大事な数値が2つあって1つは平均、これは$\bar{x}$(エックスバー)で表す。もう1つが標準偏差でσ(シグマ)で表す。σ(シグマ)はギリシャ文字だ。標準偏差とはデータの散らばりを表す値で、この2つの値から、模試に出て来る偏差値を計算できる。偏差値については5Cを見てほしい」

姉　「一応『数Ⅰ』で標準偏差は習ったよ。でもそれがどんな働きをするのかは知らない」

父　「そうだね。標準偏差が生きるのは正規分布や統計的推測の分野で、2022年度から実施の新学習指導要領では今までのベクトルと入れ替わる」

兄　「高校・大学の合格可能性の偏差値や新聞での世論調査や商品の宣伝にも統計は使われているから、もっと関数や図形より勉強すべきなんじゃないの」

姉　「医療現場でも治療法の判断や薬の効き目の判断にも統計は使われている」

父　「そうだね。さて標準偏差の定義をする。初めは一般的な話であとで簡単な例を示すから。n 個のデータを、$x_1, x_2, x_3, \cdots x_n$、その平均を $\bar{x}$ とするよ。この時 $x_1-\bar{x}, x_2-\bar{x}, x_3-\bar{x}\cdots, x_n-\bar{x}$ をそれぞれの値の平均からの偏差と呼ぶ。偏差とはずれだ。この偏差の二乗の平均値すなわち、$\dfrac{(x_1-\bar{x})^2+(x_2-\bar{x})^2+\cdots+(x_n-\bar{x})^2}{n}$ を分散と言う。この分散の正の平方根を標準偏差といって σ で表す。つまり $\sigma=\sqrt{\dfrac{(x_1-\bar{x})^2+(x_2-\bar{x})^2+\cdots(x_n-\bar{x})^2}{n}}$ だ。分散は2乗した値だから、その平方根を取ることによって標準偏差は平均と同じ次元の数値になり、平均と標準偏差は同じ直線の上で足したり引いたりできる。図形で言うと2乗すると正方形の面積になりその面積の平均の正方形の1辺の長さが標準偏差だ」

兄　「標準偏差は何なのかわからない」

父　「簡単な具体例を示すよ。2つの集合A= {1,3,5}, B= {2,3,4} がある。どちらも平均は3だがバラツキはAの方がBの2倍だ。2つの集合の標準偏差を計算してみると

Aの方は　$\sigma=\sqrt{\dfrac{(1-3)^2+(3-3)^2+(5-3)^2}{3}}=\sqrt{\dfrac{8}{3}}=\dfrac{2\sqrt{2}}{\sqrt{3}}=\dfrac{2\sqrt{6}}{3}\fallingdotseq 1.63$

Bの方は　$\sigma=\sqrt{\dfrac{(2-3)^2+(3-3)^2+(4-3)^2}{3}}=\sqrt{\dfrac{2}{3}}=\dfrac{\sqrt{2}}{\sqrt{3}}=\dfrac{\sqrt{6}}{3}\fallingdotseq 0.82$

Aの方がBの2倍であることがわかる。標準偏差の価値が表れるのは、正規分布(左右対称で釣鐘型)の時だ」

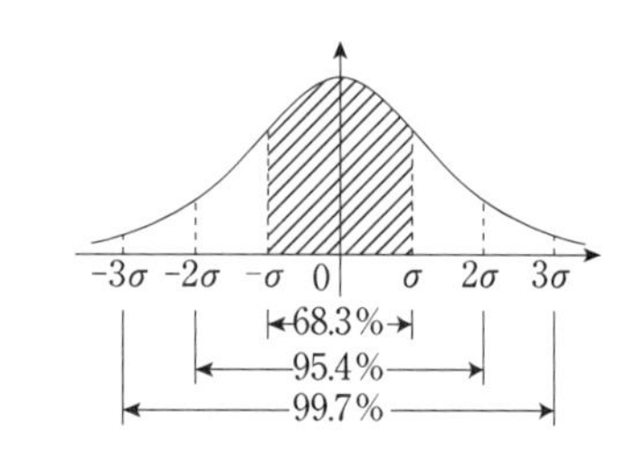

姉　「標準偏差は単にその集団の散らばり具合を表す値なの」

父　「それだけでなく、平均からの『ずれ度』の単位でもある。右のグラフを見てほし

い。今簡単のために平均を0とすると、平均の前後1×標準偏差（σ）の幅には全体の68.3%が入る。これは5Cでやる偏差値で言えば40～60の幅だ。偏差値とは平均を50、標準偏差を10に変換した値だ。平均の前後2×標準偏差（σ）の幅には全体の95.4%が入る。これは偏差値で言えば30～70の幅だ」

姉　「その全体の入る割合は平均値や標準偏差の値が違っても正規分布ならどんな場合も成り立つの」

父　「いい質問だ。正規分布ならどんな場合でも成り立つ。だから平均と標準偏差は大切なんだ。ちなみに身長が平均に比べて非常に低い小人症の定義は（平均－2×標準偏差）以下とされる。対称性を考えれば2.3%くらいの出現率だ。サッカーのメッシ選手は10代前半の頃、身長が120㎝ほどで小人症と言われ、成長ホルモンの治療をうけていたそうだ。その治療費は才能を高く評価していたバルセロナが出していたとか。

小人症の定義は平均から2倍の標準偏差を引いた値以下を特別と見なしたけれど、一般には「平均+ 1.96×標準偏差」以上と、「平均－ 1.96×標準偏差」以下の場合を特別とする場合が多い。正規分布をしていれば、それぞれ2.5%ずつで合わせれば5%になる。2.5%などの全体の中の割合を示す値と1.96などの平均からの『ずれ度』の値の対応が大切でこの対応は『正規分布表』に載っているし、エクセルの関数を使って調べられる。さて統計学は2つに分かれていて、1つは記述統計学。これは平均や標準偏差などからその集団の特徴を調べる事。もう1つは推測統計学で、視聴率調査の様に1部のデータ（標本）から全体のデータ（母集団）を確率を使って推測する事だ。それは料理で、味加減を調べる事に似ている。お玉ですくった味からなべ全体の味を推測するから。推測統計学では、よくかきまぜてあれば、お玉の量は推測値に関係するが、なべ全体の量は関係しない。ここでも標準偏差は大切である」

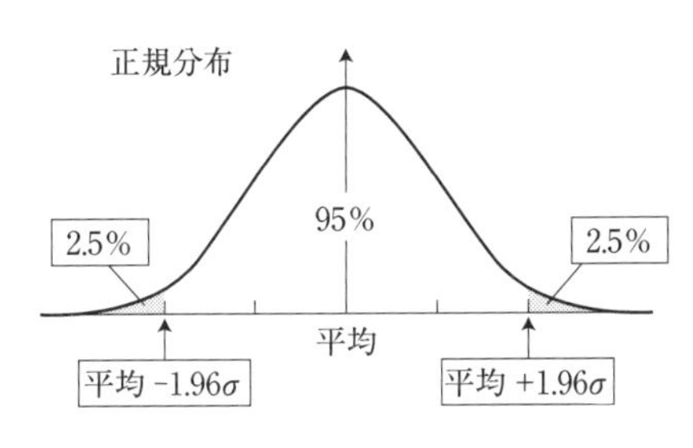

母　「兄さん色々な話をしてくれてありがとう。こんなことは夏休みでもなければできないからね。私も剛も通子もいい勉強になったみたい」

父　「八ヶ岳には最高峰の赤岳だけでなく、阿弥陀（あみだ）、蓼科（たてしな）、天狗（てんぐ）、権現（ごんげん）など個性的な山がそびえ立っている。子供たちもそれぞれの山は違っても試行錯誤しながら上を目指して登って行ってほしいね」

E4　補足コラム

4つの$\frac{1}{4}$の円で囲まれた図形の面積

下の図は1辺の長さが10cmの正方形で、4つの頂点から半径10cmの$\frac{1}{4}$の円(扇形)を描く。その中央に出来る図形の面積(X)を求めてみよう。この問題は5B1の解説にある問題と関連する。

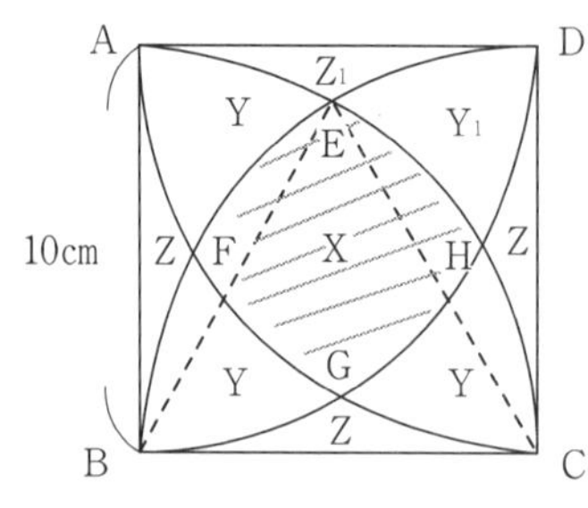

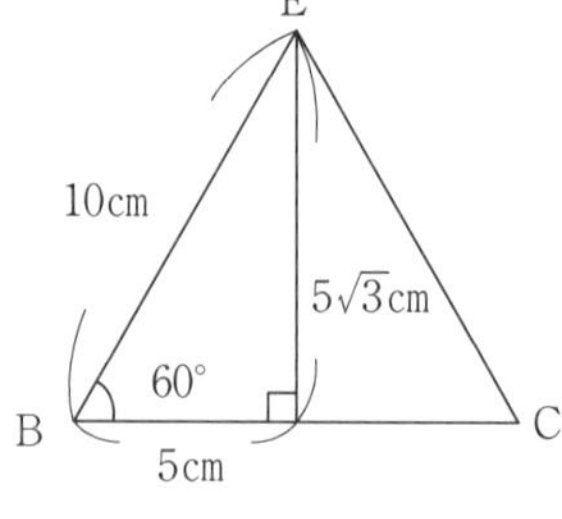

まず予備知識として、1辺が10cmの正三角形の面積は三平方の定理より高さが$5\sqrt{3}$ cmから$\frac{1}{2}\times 10\times 5\sqrt{3}=25\sqrt{3}$。

半径が10cmで中心角が30°の扇形の面積は元の円の面積の$\frac{30}{360}=\frac{1}{12}$であるから

$$10\times 10\times \pi \times \frac{1}{12}=\frac{25\pi}{3}$$

上の図のZ、Y、Xの面積を順に求めていく。
図形には適当にA,B,C,D,E,F,G,Hを付ける。

① Z_1＝正方形ABCD－正三角形EBC－扇形ABE×2

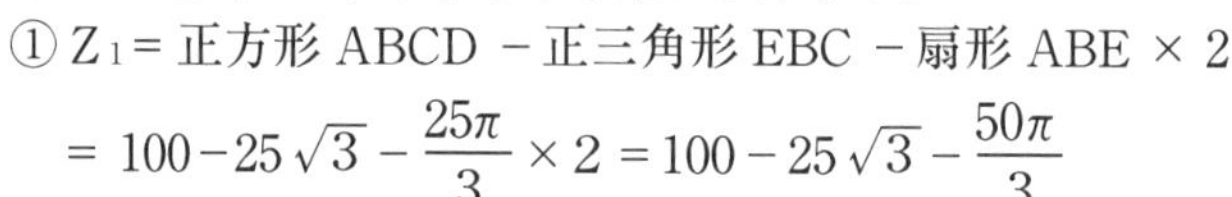

$$=100-25\sqrt{3}-\frac{25\pi}{3}\times 2=100-25\sqrt{3}-\frac{50\pi}{3}$$

② Y_1＝正方形ABCD－扇形ABC－2Z

$$=100-10\times 10\times \pi\times\frac{1}{4}-2\left(100-25\sqrt{3}-\frac{50\pi}{3}\right)$$

$$=-100+50\sqrt{3}+\frac{25\pi}{3}$$

③ X＝正方形ABCD－4Z－4Y

$$=100-4\left(100-25\sqrt{3}-\frac{50\pi}{3}\right)-4\left(-100+50\sqrt{3}+\frac{25\pi}{3}\right)=100-100\sqrt{3}+\frac{100\pi}{3}$$

5B 1

東京から新大阪まで新幹線で行くときに、何台の新幹線とすれ違うか

A 君は 9 時東京駅発の新幹線「のぞみ」で新大阪に向けて旅立った。ここで話を簡単にするために、新幹線「のぞみ」は 10 分間隔で午前 6 時から新大阪を出発してくる。また東京、新大阪の所要時間は 2 時間 30 分である。すると A 君が新大阪駅に着くまでに、何台の「のぞみ」とすれ違うか。ただし出発した時、到着した時にいる「のぞみ」は省く事とする。

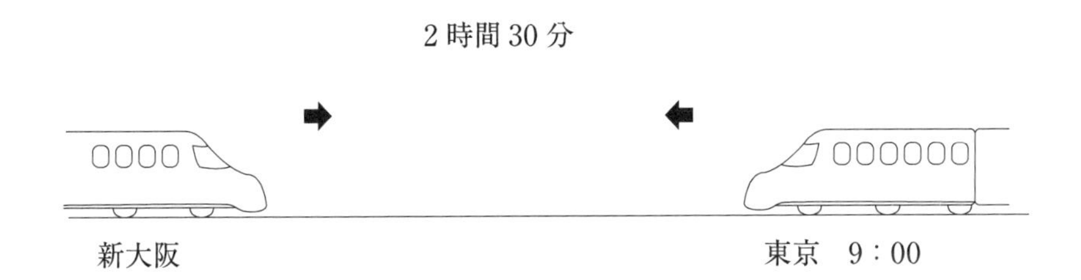

解答

2つの動くものを考える際のポイントは一方を固定することである。この問題はどの時刻にすれ違う事まで聞いているのではなく、単に何台の「のぞみ」とすれ違うだけである。9時に東京駅に着く「のぞみ」は新大阪駅6時 30 分発である。そこで A 君は新大阪駅に着く11 時 30 分までに何台新大阪駅のホームで見送るかを想像すればよい。

新大阪6時 30 分発の「のぞみ」は9時東京駅着であるが、これは同時なので、今はカウントしない。新大阪 11 時 30 分発も同様である。するとすれ違う「のぞみ」の台数は6時 40 分から 11 時 20 分までに出発するものを数えればよい。

11 時 20 分−6時 40 分=4時間 40 分で 280 分だから 280 ÷ 10 = 28 台とすると間違いである。正解は 28 +1= 29 台である。

これは数学で言えば「植木算」で、例えば8月 20 日から8月 30 日までアルバイトをしたとする。するとアルバイトをした日数は 30 − 20 = 10日ではない。10 +1= 11 日である。

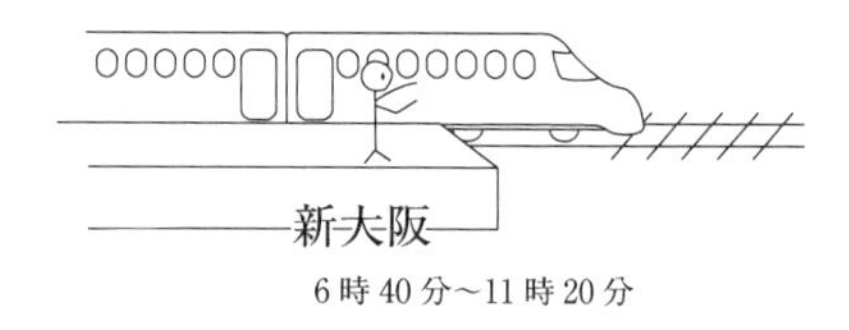

植木算で言えば差は植木の隙間(すきま)であり、隙間が 10 の時植木は 11 本である。

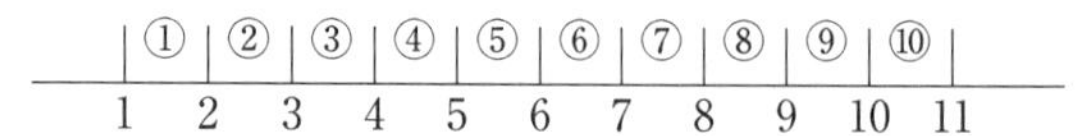

解説

問　右の図①の様に1辺の長さが 20cmの正方形があり、この中に直径 10cmの円が2つある。この2つの円が正方形の中を動き回るとき、2つの円の中心はどんな範囲を動くか。その範囲を図示せよ。ただし、2つの円が重なったり、正方形の外にでないものとする。

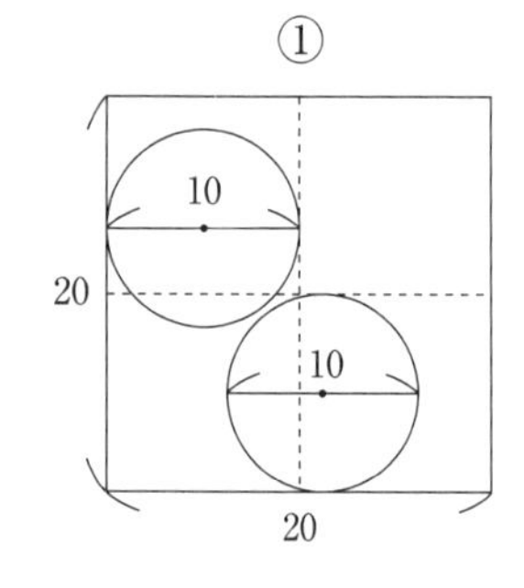

解　まず1つの円を左上隅に固定する。もう一つの円の中心は下の図②のような範囲を動く。あとは右上、左下、右下と固定して考えれば、結局2つの円の中心の動く範囲は右の図③のようになる。一方を固定する事で問題が簡単になる。この③の斜線部分の面積は補足コラムE4を参考にして求められる。

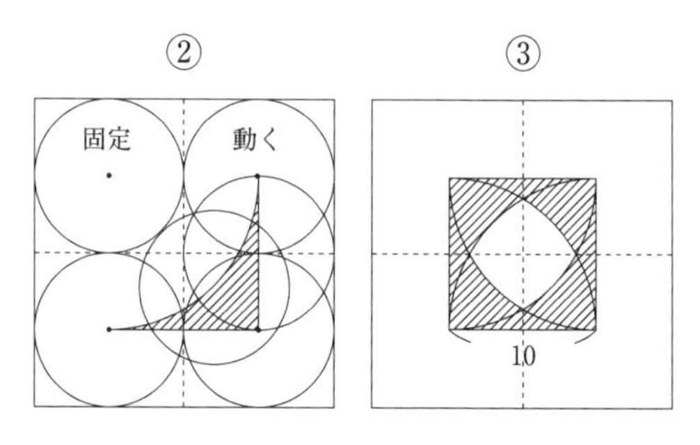

5B 2

犬の走った距離と選挙での当選確実な票

次の２問は見方を大きく変えて考えるという点で共通している。

問１　兄弟２人と１匹の犬が川の土手にいる。ただし兄と弟は900メートル離れて向かい合っている。犬は初め兄の足元にいる。兄は時速５㎞、弟は時速４㎞で同時に歩き始める。犬は平均時速10㎞で近づいてくる兄と弟の間を行ったり来たりする。２人が出会うまでに犬は何㎞走るだろうか。

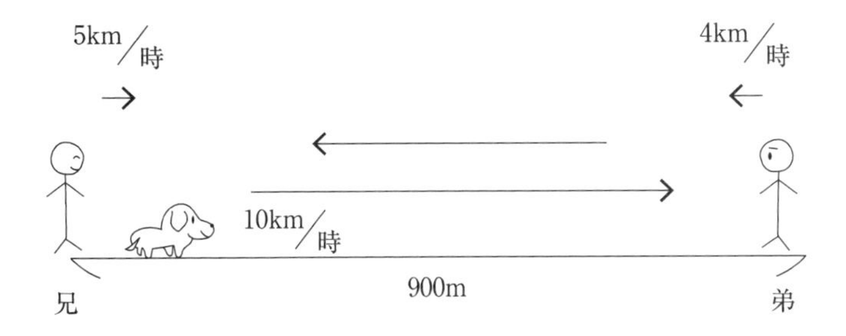

問２　小学校のあるクラスで副会長の選挙があった。クラスの人数は39人で、４人が立候補をして２人が当選する。この時最低何票取れば当選確実になるか。

解答

問１　犬が行ったり来たりするイメージが強く、数列を知っている人は無限級数を求めようとするかもしれない。しかし解法は出会い算と「道のり＝速さ×時間」を使うだけである。まず兄と弟が出会うまでの時間は単位を㎞に直し計算すると 0.9 ÷（５＋４）＝ 0.1 より 0.1 時間（６分）である。犬は行ったり来たりするから途中で速さは０になったりもするが、平均速度が 10㎞としている。すると犬が走った道のりは 10 × 0.1 ＝ 1 となり１㎞である。犬の行動は考えず、速さと走った時間だけを考えればよいのである。

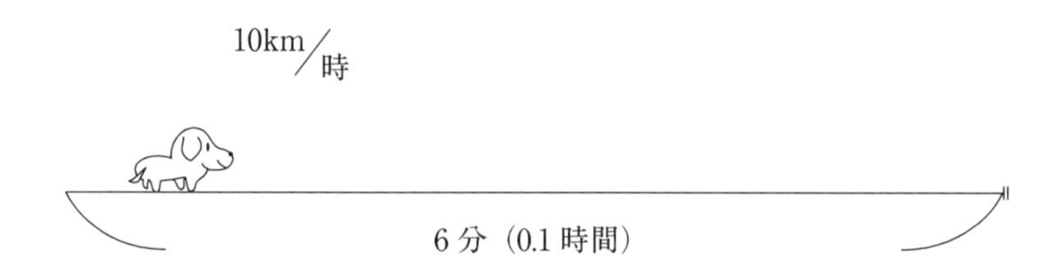

問２　この問題は最低何票取れば、当選確実なのかではなく、最大何票とっても落選となるかを考えるべきである。極端な場合として３人が票の全てを取り、同数の場合を考える。すると 39 ÷ 3 ＝ 13 票となり、３人が 13 票ずつの場合は、だれも当選できない。すると 14 票取れば、14 票、13 票、12 票のようになり確実に当選できる。よって当選確実な最低の票は 14 票である。こういう問題は私立中学の入試問題に見受けられる。

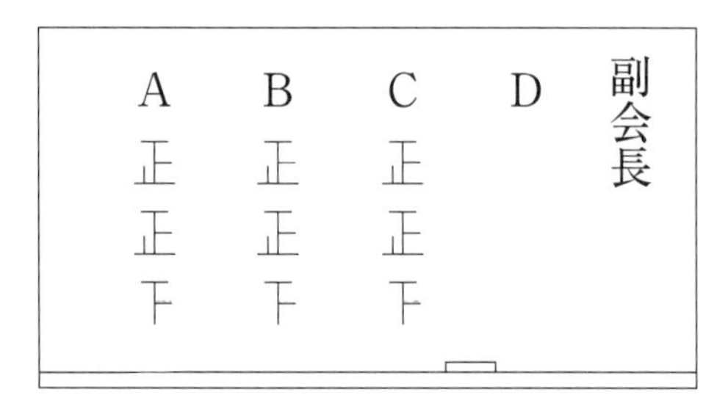

5B 3

公務員試験の判断推理問題に挑戦

次の２つの問題は高卒対象の公務員試験を意識した判断推理の問題である。問１は易しいが問２は難問で、数学的センスの有無を見る問題として取り上げられたこともある。ヒントも付け加えてあるので参考にしてほしい。

問１　３人の外国人の美女がビアガーデンで談笑している。３人とも日本語が流暢（りゅうちょう）で、そばにいた男にこんな感じで話しかけた。
グリーンのスカートの女性が「私たちの名前は、ホワイト、ブラウン、グリーンです。」それを聞いてホワイトさんがこう言った。「３人のスカートの色は偶然ホワイト、ブラウン、グリーンですが、名前とスカートの色は一致しません」
　以上の会話から３人の名前とスカートの色を一致させてほしい。

ヒント　３人の会話から縦と横の表を作り、○×を付けて考えていけばよい。

問２　３人の淑女Ａ夫人 、Ｂ夫人、Ｃ夫人が馬車に乗っていて、乗る前に偶然３人とも顔に泥がついた。３人とも自分の顔に泥がついたことは知らない。すると３人とも相手２人の顔を見て忍び笑いを続けていた。ここで賢いＡ夫人は笑い続ける２人を見て、自分にも何か笑われる所があると気がついた。 それはＡ夫人がどう考えたからか。ただしＢ夫人も賢いとする。

ヒント　Ａ夫人はもし自分に笑われる所がないとしたとき、Ｂ夫人はなぜずっと笑っているのかを考えた。

解答

問1　会話全体の内容にも注意して表を作る。まずグリーンのスカートの人とホワイトさんは別人。するとグリーンのスカートの人はグリーンさんでもホワイトさんでもないからブラウンさんとなる。次に表を作る。(　)の○、×はあとから論理で決まったもの。

名前 ＼ スカートの色	ホワイト	ブラウン	グリーン
ホワイト	×	(×)	(○)
ブラウン	(○)	×	(×)
グリーン	×	○	×

○は３つの縦と３つの横の欄に１つずつしか付かないから、ブラウンさんはホワイトのスカートではない。するとグリーンさんはホワイトのスカートになる。最後に縦横の○の状況からホワイトさんがブラウンのスカートとなる。

問2　下の図も参考にして考えてみてほしい。

Ａ夫人はもし自分に笑われる所がないとしたら、Ｂ夫人はなぜ笑い続けるのか考えた。

賢いＢ夫人から見ると、Ａ夫人に笑われる所がなければ、Ｃ夫人が笑っているのは、自分（Ｂ夫人）に何か笑われる所があるとすぐ気がつくはずだ。それなのにＢ夫人が笑い続けているのは私（Ａ夫人）に笑われる所があるからだ。

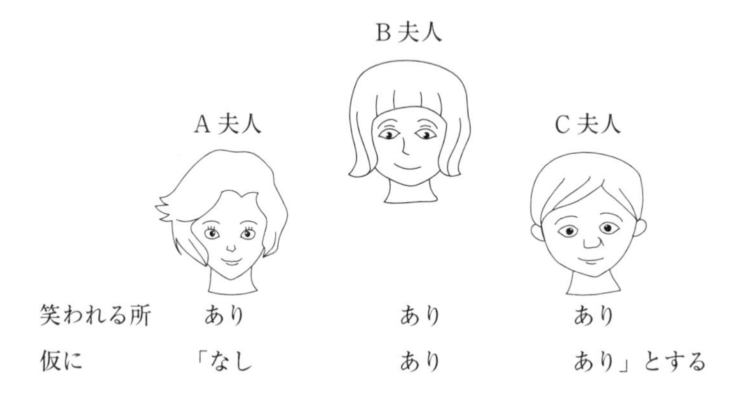

この解法は数学の背理法（間接証明）を用いている。

図で示す。

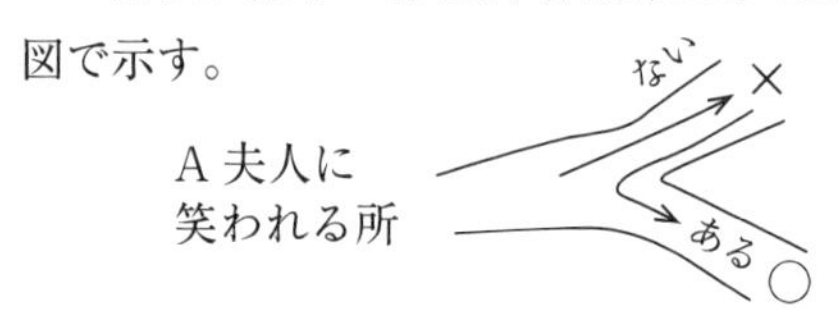

ポイントは笑われる所が「ある」、「ない」の２択で、「ない」とすると矛盾が起こるので自動的に「ある」となるのだ。

5B 4

シロナガスクジラの重さ

アメリカの小説家メルビルが書いた小説に「白鯨」がある。これは実話を元にした話で、巨大なマッコウクジラとの格闘が描かれている。ではマッコウクジラより大きい体長30mのシロナガスクジラの大雑把な重さを推定していただきたい。この種の問題はフェルミ推定と呼ばれている。フェルミとは元々イタリアの核物理学者でノーベル賞も受賞したが、妻がユダヤ人だったためにアメリカに亡命し、原爆製造の中心人物でもあった。

解答

大雑把な値を求めるわけであるから、桁さえ間違わなければ正解である。何を根拠に持ってくるか、そのあとどう処理をするかを考える事が重要で人によって異なるだろう。以下は1つの例にすぎない。

身長と体重が簡単に分かるのは人間だ。計算の都合もあるのでまず2m の人の体重を決める。人間の重さからクジラの重さを推定するのであるが、人の体重に占める骨の割合が大きいので、2m の人の体重は少なめに決める。ここでは 70kg とする。

すると2m と 30m であるからその比率（長さの比）は 15 倍だ。ここで数学の知識、体積比は相似比の3乗に比例する事を用いる。するとクジラの重さは $70 \times 15^3 = 70 \times 15 \times 15 \times 15 = 236250$kg

1トン= 1000kg より 236 トンとなる。実際は 160 トン程度である。2つの値は 10 の位で四捨五入すれば、200 トンとなるからそれなりの推定値と思われる。

解説

日本の数学教育では出た値を四捨五入する事は学ぶが、何かを根拠にして大雑把に推定していくことは学ばない。イギリスのケンブリッジ、オックスフォード大学の入試問題にはフェルミ推定の問題がよく出題される。例えばケンブリッジ大学の地理学部では「クロイドン（ロンドンの1つの区）の人口は」という問題が出題された。もちろん正確な数字を暗記していて答えるのではなく、それなりの簡単な知識と推論から導きだすのである。

これを日本版に替えてみる。「新宿区の人口は」という問題ならばどうだろう。まず知識として東京都全体の人口は1千3百万くらいとする。問題は 23 区とそれ以外の市町村の人口比である。それ以外の市町村の面積は広く、例えば小笠原諸島も入っている。町田、八王子など人口が多い市もある。多めに見積もって4百万とする。すると区部の人口は9百万となる。区は全部で 23 区あり、人口の多い区、少ない区もあるが 23 で割ると、9百万÷ 23 =約 39 万となる。2016 年の調査では外国人も含め住民基本台帳に記載されている新宿区の人口は約 34 万6千である。ちなみに新宿区の人口は区別では 12 位でちょうど真ん中である。

「自頭力（じあたまりょく）」という言葉ある。ネットから雑多なフェイクや誇大広告らしき情報がすぐに目に入ってくる。しかしそれらの情報の信ぴょう性を判断し、本質をつかみ、短時間に総合的に考察していくには自分の頭で考える「自頭力」が必要とされる。これがなければ単なる「コピペ」に終わってしまう。ネット情報は例えるならジャガイモやニンジン、玉ねぎ、肉などの原材料にしか過ぎない。腐った肉や野菜も入っている。これらの材料を選別しながら使い自分なりのルーでまとめ上げカレーを作る事が重要なのである。

5B 5

非まじめの発想問題

「非まじめ」とは東京工業大学のシステム工学、ロボット工学が専門の森政弘氏が提唱している発想で、「まじめ」、「不まじめ」とは異なる視点から、物事の本質を捉え解決していく事である。

以下に3問ほど実例を載せてみるので、考えていただきたい。発想は自由なので解答は多数あるだろう。一つの解答例を見て「非まじめ」を理解し問題解決の参考にしていただければ幸いである。

問1 日本でもそうだが、ロンドンでも路上の煙草の吸殻の投げ捨てが問題になっていた。いくら投げ捨てをやめる様に注意を喚起しても減らなかった。ところが吸殻入れにある工夫をしたらそれは激減した。ある工夫とは何か。

問2 第二次世界大戦が終わり、日本の南極大陸での活動が始まったばかりの頃の話である。大型の雪上車で移動していた際にキャタピラの1部が欠けてしまった。このままでは基地に帰れない。車の外は零下40°以下の極寒の地で一瞬にして水分は凍ってしまう。ここで隊長はある方法でキャタピラを直した。どうやったのだろう。

問3 バブル景気の頃、あまり勉強をしない大学生がたくさんいた。東京の私大の心理学のある先生も学生の不勉強に悩んでいた。そこでその先生はテストの前に学生全員にＡ４のある紙を1枚渡す事によって勉強しない学生が減った。ある紙も含めどうしたのだろうか。

解答

問1　吸殻入れの入口に「あなたはロナルドとメッシのどちらが素晴らしいと思うか」と問い、入口を2つに分けて吸殻入れを投票入れにしたのである。

これこそが「非まじめ」の発想で、「まじめ」はこの場合注意を強く喚起すること、「不まじめ」はあきらめることである。この問題は高校生クイズに出題された。

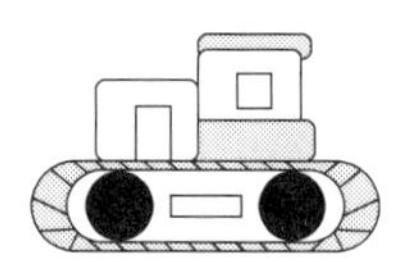

問2　隊長はまずお湯を沸かせ、それをキャタピラの破損した部分にかけさせた。するとすぐに凍り、キャタピラの1部となって無事に基地に帰ることになった。極寒の地を逆手に取った冷静な対応である。

問3　心理学の先生はテストの2週間前に自分の印を押したカンニングペーパ用の白紙を1枚配ったのである。すると学生たちはテスト範囲を要約して紙にまとめ始めた。ただ最初から全部書いていくと用紙が足りなくなるので、どこが重要かも考えなければならない。途中で挫折した学生もいたが、結局テスト前に学生たちはしっかりと勉強をし、先生の目論見(もくろみ)は当たった。テストは手段であって勉強することが目的なのだ。ここで「まじめ」はただ学生に勉強しろと強く言う事。「不まじめ」は諦めてしまうことだ。

解説

森政弘氏の「非まじめ」のすすめの本の最初に作曲家のハイドンの話が出て来る。ハイドンが作曲した「さよなら交響曲」が「非まじめ」の例としてある。「さよなら交響曲」はオーケストラの団員が自分のパートを弾き終ると、お客に一礼し引き上げていく。なぜこんな曲を作ったのか。当時オーケストラは貴族のお抱えで、今の様にCDなどがない時代、ナマ演奏しかなかった。そのため過剰労働に苦しんでいた。ストライキを起こせる状況にもない時代にハイドンが「非まじめ」の曲を作ったのである。これを聴いたパトロンはその曲の意図を理解し、団員に休暇を与えたのである。

最近、大阪大学病院の入口にローマにある「真実の口」を模した手を入れる口がある。「真実の口」は映画「ローマの休日」にも登場し、嘘つきが手を入れると食べられてしまうと言う言い伝えがある。この口に手を入れると消毒液が出て来る。消毒してくださいと奨励しても実行する人は少ない。そこでこれを作ったところ消毒する人が増えた。この仕掛け人は大阪大学の経済学研究科の松村真宏教授で「仕掛け学」を提唱している。「ああしなさい、こうしなさいと言われてもしない事が多いが、言い方を変えるだけでついしたくなることがよくある」と。

5C 1

偏差値は絶対的な値なのか

結論から先に言えば、偏差値50とはその集団が正規分布(釣鐘型)をしていれば、その集団の中のちょうど真ん中の人の値となる。だから集団のレベルが違えば、偏差値50の意味は当然違ってくる。例えば多くの中学生が受験する高校入試の模試の50と一部の人しか受験しない大学入試の模試の50は違ってくる。

偏差値の求め方は5Aで述べた「標準偏差」を使う。「標準偏差」の値は平均からのずれ度を表す単位だと思えばよい。値は個々の集団によって異なるが、平均からのずれ度(出現率)は正規分布していれば共通である。

偏差値とは平均を50、標準偏差を10に統一したもので、具体的な定義は偏差値$=\frac{得点-平均点}{標準偏差}\times 10+50$である。得点と平均の差を標準偏差で割っているところがポイントで、このことにより元々の散らばり具合を是正し統一できる。

具体例をあげその必要性を見てみよう。下図は太郎君の数学と国語の得点、及びクラスの平均点、標準偏差である。これを見ると平均点との差は、数学は18点国語は15点なので、数学の方が国語より良かったとこの場合言えるだろうか。よく見ると標準偏差は数学が14、国語が10で数学の方が国語より散らばりが大きいことがわかる。2つをどう比べればよいか。ここで偏差値が登場する。10を掛けたり、50を足しているのは平均を50にして数を大きく見せているに過ぎず重要なのは$\frac{得点-平均点}{標準偏差}$の値だ。

	数学	国語
太郎君の得点	80	75
クラスの平均点	62	60
クラスの標準偏差	14	10

数学と国語の偏差値を計算してみると

$$数学の偏差値=50+\frac{80-62}{14}\times 10 \fallingdotseq 50+1.3\times 10 \fallingdotseq 63$$

$$国語の偏差値=50+\frac{75-60}{10}\times 10=50+1.5\times 10=65$$

これを見てわかるように、国語の方が良かったことになる。偏差値はこのように正規分布であれば平均、標準偏差が異なっても変換して同じ土俵で比べることができる。

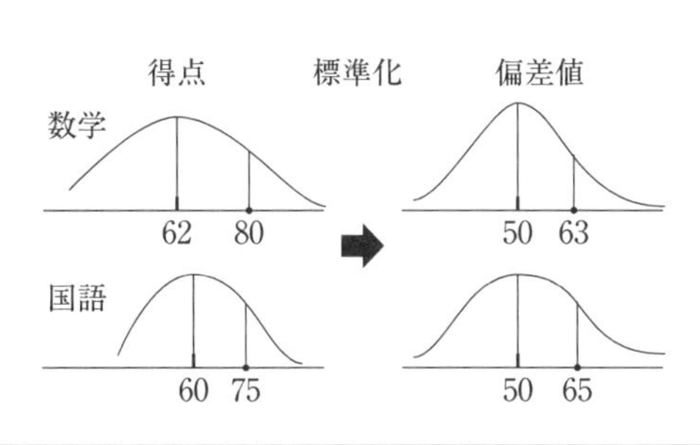

知能指数の場合は平均を100、標準偏差を15としている。偏差値50以上の対応表を右に示す。

偏差値	50～60	60～70	70以上
指数	100～115	115～130	130以上
出現率	34.1%	13.6%	2.3%

5 D1

統計でだまされないために

統計における数字の見方、考え方は相手の思惑に乗らないためにも重要である。

⑴　平成17年卒のある省が行った大学卒業者の就職率は「97.6%」、別の省が行った大学卒業者の就職率は「74.4%」である。なぜこんなに差がでるのか。

⑵　平成28年の20代の海外旅行者数は283万人であった。ピークの平成8年は463万人であった。この数字から観光庁は「若者の海外旅行離れが進んでいる」と判断して検討委員会を作った。単純に数字だけを比較してよいのだろうか。

⑶　平成25年(2013年)のがんの死亡者数は昭和60年(1985年)の2倍だと言って生命保険会社はがん保険を薦める。人口の分布も考え、がんの死亡率は上がっているのだろうか。

⑷　平成31年3月卒業予定の大学生の求人倍率は1.88倍とあった。A君は安定志向で金融関係を考えている。1.88倍と聞いて安心して就職活動しようと思っているが。

⑸　ある新聞社が実施した調査で「60代、70代のスマホ所有者は48.2%である」と。ところがある省が実施した調査では60代で33.4%、70代で13.1%である。この違いはなんだろう。

解答

⑴　「97.6%」の方の分母は「就職希望者数」で「74.4%」の方の分母は「全卒業生」だからである。「74.4%」の方は文部省の「学校基本調査」の数字で、大学院進学者、研修医、卒業後専門学校に進学する者は就職者に入っていない。しかしこれらの人の割合は合計しても14%程度でこれらを足して88%ほどで97.6%とは10%も差がある。この差は就職を希望していない学生がそれなりにいるからである。

よく専門学校や大学の宣伝で就職率98%と言ったりするが、その分母の数字にも着目すべきで、希望しない学生を初めから除くこともある。分子にも非正規の数を入れたりもする。率は簡単にごまかせる数字なのだ。

⑵　平成28年の20代人口は1238万人、平成8年のそれは1953万人である。これをそれぞれ分母に持って行くと、20代の海外旅行率は平成28年で22.9%、平成8年で23.7%となり率はそれほど変化がない。20代の人口が減っただけなのだ。

⑶　がんは高齢者になるほどかかりやすくなる。これも人口の分布を同じ様に補正した死亡率で比べると、女性は1960年から右肩下がりだし、男性も1995年までは増加していたがその後減少している。結局数字が増加している原因は高齢化であって、医学の進歩からがんの死亡率は同じ年齢では下がっている。

⑷　1.88は全体の平均で、例えば従業員5000人以上の大企業の求人倍率は0.37倍である。また金融機関の求人倍率は0.21倍である。平均という言葉の意味を考えよう。

⑸　この違いは新聞社の方がインターネットを使ったのに対して、ある省の方は郵送解答だった。インターネットが得意な人はスマホも得意だからだ。調査方法にも注意が必要である。

参考文献

	書　　名	著　　者	出 版 社
1	頭の冒険	高木茂男	かんき出版
2	数学クイズ	安達英光	永岡書店
3	数学パズル	二川滋夫	日本文芸社
4	科学パズル	田中実	光文社
5	5分間推理3分間パズル	大矢正次	日本文芸社
6	魔法のクイズ	迫田文雄	祥伝社
7	パズルパズルパズル	藤村幸三郎	ダイヤモンド社
8	頭の散歩道	阿刀田高	文春文庫
9	頭の切りかえ方	多湖輝	ごま書房
10	パズル数学入門	田村三郎他	講談社ブルーバックス
11	リットンの数学パズル	J.F.ハーリー 西村敏男訳	TBS教育事業本部
12	数学アタマの体操	小田敏弘	日本能率協会マネージメント
13	マンホールのふたは なぜ丸い	中村義作	日本経済新聞社
14	数学にどんどん強くなる	中村和幸	講談社ブルーバックス
15	自頭力を鍛える	細谷功	東洋経済
16	頭の体操ベスト、ベスト2	多湖輝	光文社
17	世界一「考えさせられる」 入試問題	ジョン・ファードン 小田島恒志訳	河出文庫
18	「非まじめ」のすすめ	森政弘	講談社
19	オオサカ・パズル	藤村幸三郎	TBSブリタニカ
20	数学流生き方の再発見	秋山仁	中公新書
21	算数パズル 「出しっこ問題」傑作選	仲田紀夫	講談社ブルーバックス
22	算数・数学なっとく事典	銀林浩	日本評論社
23	お父さんのための 算数と数学の本	仲田紀夫	日本実業出版社
24	お父さんのための 数学・100の常識	江藤邦彦	日本実業出版社
25	新数学勉強法	遠山啓	講談社ブルーバックス
26	学校数学の展望台	数学セミナー増刊	日本評論社
27	カジョリ初等数学史	カジョリ・小倉金之助補訳	共立出版
28	NHK高校講座数学基礎	秋山仁他	日本放送出版協会
29	楽しさ発見！高校数学I+A	小林道正	数研出版
30	数学の作法	蟹江 幸博	近代科学社
31	高等学校の数学 I 問題演習ノート	高等学校の数学編修委員会	三省堂

32	小学校6年間の算数がマンガで学べる	小杉拓也他	KADOKAWA
33	小学校6年間の計算の教え方	安浪京子	すばる舎
34	計算しない数学	根上生也	青春文庫
35	読解力を強くする算数練習帳	佐藤恒雄	講談社ブルーバックス
36	数学想像力の科学	瀬山士郎	岩波科学ライブラリー
37	数学にときめく	新井紀子	講談社ブルーバックス
38	大人のための数学勉強法	永野裕之	ダイヤモンド社
39	中学・高校数学の本当の使い道	京極一樹	実業之日本社
40	つまづき克服!数学学習法	高橋一雄	ちくまプリマー新書
41	新編あたらしい算数1年～6年		東京書籍
42	新しい数学１年～３年（中学校）		東京書籍
43	週刊ポスト平成30年3月16日号「うそをつく統計」		小学館
44	統計でウソをつく法	ダレル・ハフ著高木秀玄訳	講談社ブルーバックス
45	数学的決断の技術	小島寛之	朝日新書
46	ハッとめざめる確率	安田亨	東京出版
47	原因と結果の経済学	中室牧子・津川友介	ダイヤモンド社
48	週刊ダイヤモンド 2019年2月9日号		ダイヤモンド社
49	〃 2019年4月13日号		ダイヤモンド社
50	統計学の図鑑	涌井良幸他	技術評論社
51	「中卒でもわかる科学入門」	小飼弾	角川oneテーマ21
52	データ分析の力 因果関係に迫る思考法	伊藤公一朗	光文社新書
53	微分学＋積分学	赤攝也	日本評論社
54	数学100の発見	数学セミナー増刊	日本評論社
55	100人の数学者	数学セミナー増刊	日本評論社
56	定理からの数学入門	数学セミナー増刊	日本評論社
57	具象から幾何学へ	栗田稔	日本評論社
58	反例からみた数学	岡部恒治他	遊星社
59	マイ数学	岡部恒治他	遊星社
60	入門 確率解析とルベーグ積分	森　真	東京図書
61	数学的考え方	栗田稔	啓林館

62	教えてほしい数学の疑問1	数学セミナー編集部	日本評論社
63	現代数学対話	遠山啓	岩波新書
64	無限を読みとく数学入門	小島寛之	角川ソフィア文庫
65	なっとくするフーリエ変換	小暮陽三	講談社
66	高校数学でわかる フーリエ変換	竹内淳	講談社ブルーバックス
67	πの話	野崎昭弘	岩波現代文庫
68	塵劫記	吉田光由・大矢真一（校注）	岩波文庫
69	集合論入門	赤攝也	培風館
70	数って不思議　1+1=2で 始まる数学の世界	蟹江幸博	近代科学社
71	公理的集合論	田中尚夫	培風館
72	知って得する生活数学	関根鴻	講談社ブルーバックス
73	美しすぎる数学	桜井進+大橋製作所	中公新書ラクレ
74	感動する数学	桜井進	PHP文庫
75	四次元の幾何学	中村義作	講談社ブルーバックス
76	4次元以上の空間が見える	小笠英志	ベレ出版
77	少しかしこくなれる 数式の話	ナイスク	笠倉出版社
78	数の世界雑学事典	片野善一郎	日本実業出版社
79	余暇の数学	菅波三郎	日科技連
80	数学セミナー2000年5月号		日本評論社
81	理工系基礎数学解析	児玉鹿三	槇書店
82	フェルマーの 大定理が解けた	足立恒雄	講談社ブルーバックス
83	発見的問題解決法 ストラテージ入門	塚原成夫	現代数学社
84	もう一度解いてみる 入試数学	鈴木伸介	すばる舎
85	青チャート数Ⅲ	チャート研究社	数研出版
86	やじうま入試数学	金重明	講談社ブルーバックス
87	こわいもの知らずの病理学	仲野徹	晶文社
88	知的好奇心	波多野誼余夫他	中公新書
89	科学者たちの奇妙な日常	松下祥子	日経プレミアムシリーズ
90	万葉集全解	多田一臣訳注	筑摩書房
91	楽器への招待	柴田南雄	新潮文庫
92	博士がくれた贈り物	小川洋子・岡部恒治他	東京図書
93	江戸の理系力	洋泉社編集部	洋泉社
94	鉄道旅行術	種村直樹	自由国民社

95	初級公務員判断推理の完全マスター		実務教育出版
96	実用数学セミナー進路対策		浜島書店
97	仕事に使えるExcel関数がマスターできる本	羽山博、他	インプレス
98	学力と階層	刈谷剛彦	朝日文庫
99	モナ・リザと数学	ビューレント・アイター著 高木隆司訳	化学同人
100	ダ・ヴィンチの謎・ニュートンの奇跡	三田誠広	祥伝社
101	科学と遊ぶ本	飛岡健	ごま書房
102	超展望の山々	杉本智彦	実業之日本社
103	広辞苑　第二版補訂版	新村出編	岩波書店
104	世界史詳覧		浜島書店
105	花の棺	山村美紗	光文社文庫
106	切っても切ってもプラナリア	阿形清和・土橋とし子	岩波書店

あとがきと著者略歴

あとがき

高校の教員を定年退職後、少しだけ高校生だけでなく、小中学生の算数・数学を見る機会を得た。誤解を承知で言えば「算数・数学はどこかでつまずく教科」である。私も大学の数学でつまずいた。そのつまずきを大人も含めなるべく後にもってくるためにどうすればいいのかと思い筆を取った次第である。

数学が国の興亡と関係する話をする。

1947年イギリスから独立した時のインドの指導者ネールは、この国をこれからどうすればいいのか悩んだ。金はない。人口は多い。でも人口が多ければ能力のある人も多いだろうから彼はあまり金のかからない数学に力を入れるため工科大学を作った。そのもくろみは当たり、現在プログラマーとして活躍するインド人は世界中に多数いる。

表紙の絵は現在筆者が学習指導員として働いている一般社団法人「彩の国子ども・若者支援ネットワーク」の学習支援員の島田康宏さんにお願いした。

出版にあたっては弘報印刷株式会社代表取締役社長の津下勉さんから貴重なご意見を多数頂いたり、校正にも時間をかけてもらった。改めて感謝を申し上げます。

著者略歴

1955年　青森県生まれ
1973年　県立青森高校卒業
1977年　埼玉大学理学部数学科卒業
　　　　埼玉県の県立高校の教諭となる。
2015年　県立浦和高校教諭などを勤め退職
現在　　生活保護世帯や児童養護施設での学習支援を行う。
趣味　　山登り(キリマンジャロ登頂、エベレストトレッキング参加、
　　　　百名山達成)、ジョギング、スキー、フルート、海外旅行

今までに出版した本

「イメージ図でわかる高校数学」　桐原書店
「先生のための統計学入門」　学事出版
教科書準拠問題集「ニューアシスト数学ＩＡ」など(共著)　東京書籍
「プリズムの光から見えるキュリー夫妻」　悠光堂

数学に舞台裏から楽しく再挑戦

2020年 3月22日　初　版　第1刷発行

著　　　者　石橋　信夫

発　行　所　ブイツーソリューション
〒466-0848　愛知県名古屋市昭和区長戸町4-40
電話　052-799-7391　FAX　052-799-7984

発　売　元　星雲社（共同出版社・流通責任出版社）
〒112-0005　東京都文京区水道1-3-30
電話　03-3868-3275　FAX　03-3868-6588

編集・
印刷・製本　弘報印刷株式会社出版センター

ISBN978-4-434-27262-2 C0041　￥1100E